飞鹰传媒
AQUILA★MED

火枪

飞鹰军事百科 001

伍豪 编著

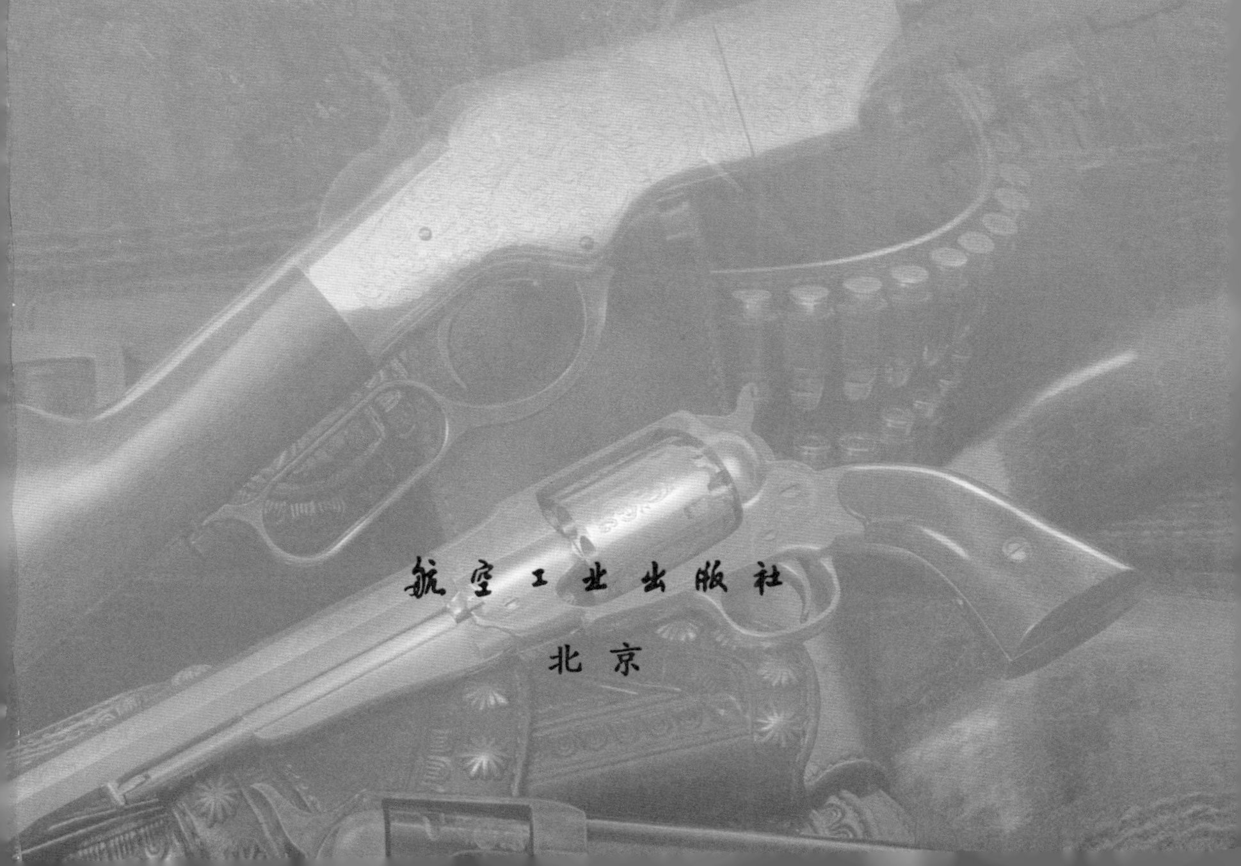

航空工业出版社

北京

前言

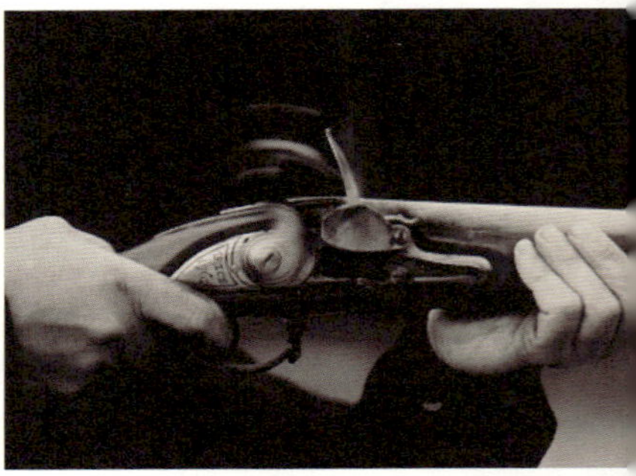

人类的历史就是一部战争史。

战争既给人类带来了深重的灾难，也推动了人类历史的不断发展。战争不是天使，战争也不是魔鬼。无论我们喜欢与否，都必需去面对它，去了解它，去掌握它。只有这样，战争才会真正离我们远去，和平才不会成为一纸空文。

中华民族是一个尚武的民族。在中华文明的早期，尚武的精神盛行于国家的各个阶层，渗透进社会的每一个毛孔，并最终催生了辉煌灿烂的汉唐盛世。后来，随着文明逐渐衰老，尚武精神也消磨殆尽，中国从此走上了长达千年的积弱、屈辱历程。

今天，我们再次走到十字路口。

冷战已经结束二十多年了，但世界和平并未来临。相反，一个新的战国时代正在缓缓拉开帷幕。经过数十年的韬光养晦、埋头

发展，今天的中国已然身处世界舞台的中央，影响举足轻重。但大国的崛起从来都不会一帆风顺，在我们身边，众多对手虎视眈眈。一着不慎，满盘皆输。选择对了，我们的国家和文明将迎来伟大的复兴和腾飞；选择错了，则将又一次陷入遥遥无期的等待之中。

强大的国家需要强大的国防，而国防的根本是人。只有我们每个人都具备了应有的国防知识和军事素质，我们的国防才能固若金汤。正是出于这样的考虑，我们邀请国内各军事领域的顶尖专家，合作编写了这套《飞鹰军事百科》系列丛书。这套丛书涵盖古今中外的各个军事领域，以科学的态度、活泼的文风，结合大量精美图片，为读者提供人类战争史上的各种军事知识，带领大家认识战争的真相。

我们相信，这样一部精心之作一定会赢得广大读者的喜欢！

001 第一章 火药的发明
001 “火药”是什么？
001 炼丹家发明了火药
002 火药配方的改进
004 火药的爆炸原理
005 印度人发明火药了吗？
006 西方关于火药的记载
007 “希腊火”和“海之火”
010 火药的制作

013 第二章 火药的应用
013 唐末的“飞火”
014 火药作和《武经总要》
017 靖康之难
019 金人对火器的发展

020 第三章 管型火器的出现
020 火枪的发明
021 飞火枪的出现
022 突火枪的发明
023 火铳的发明和使用

026 第四章 火药和火器的传播
028 蒙古人的第一次西征
029 蒙古人的第二次西征
032 蒙古人的第三次西征
033 阿拉伯人学会了制作火器
035 对日本和爪哇的进攻
036 欧洲人对火器的态度
037 火药引起的变革

038 第五章 元末明初火器的使用
038 火器在水战中的运用
040 火器在野战中的运用
041 火器在攻城战中的运用
042 火器在守城战中的运用
044 火铳在军队中的编制
044 神机营的创制
045 神机营的编制构成
046 仿制中国火铳的“火门枪”

目录

51 第六章 火绳枪的出现
51 ↳ 火门枪的缺陷
51 ↳ 火绳点火
52 ↳ 帕维亚战役
53 ↳ “穆什克特”火绳枪
54 ↳ 科尔多瓦的新战术
55 ↳ 有关火绳枪的故事

65 第七章 火绳枪时代的发明
65 ↳ 膛线
66 ↳ 机械瞄具
66 ↳ 后装枪
67 ↳ 活弹膛
67 ↳ 更换枪管
67 ↳ 连珠枪
68 ↳ 多管枪
69 ↳ 火绳手枪

73 第八章 西方火器向中国的传播
73 ↳ 欧洲的扩张
77 ↳ 西方火器的传入
79 ↳ 为什么落后？
80 ↳ 明清的火器

082 第九章 火枪和长弓之争
088 第十章 簧轮枪的出现
098 第十一章 燧发枪的发明
107 第十二章 手枪的诞生
112 第十三章 击发枪的发明
117 第十四章 后装枪的出现
128 第十五章 膛线的发明

135 第十六章 滑膛枪和线膛枪之争
137 第十七章 连发步枪的发明
145 第十八章 子弹的演进
145 ↳ 早期的子弹
147 ↳ 从球形弹丸到尖弹头
148 ↳ 纸壳弹
150 ↳ 金属弹壳子弹
153 ↳ 底火

156 第十九章 无烟火药的发明
160 第二十章 手枪的发展
160 ↳ 关于手枪的故事
171 ↳ 手枪的发展
175 第二十一章 从多管枪到转轮手枪
187 第二十二章 现代步枪的先声——军用弹仓步枪
190 ↳ 毛瑟步枪
195 ↳ 莫辛-纳干步枪
203 ↳ 西点军校博物馆收藏的近代步枪

第一章 火药的发明

火药是中国古代“四大发明”之一。它是中华民族古老智慧的结晶，和造纸术、指南针、活字印刷术等一起推动了人类文明的前进发展。

“火药”是什么？

火药的名字我们并不陌生。但是，火药究竟是什么，恐怕不是每个人都清楚。火药其实是硝酸钾、硫磺和木炭按一定比例混合而成的混合物。“火”是指它有易着火、燃烧的性质；“药”是因为其中的硝酸钾、硫磺等成分在古代被列为中药，火药本身也被视为一种药物。李时珍在《本草纲目》中就说，火药能治疮癣、杀虫、辟湿气和瘟疫。

炼丹家发明了火药

火药是怎么发明出来的呢？原来，中国古代的帝王们醉心于长生不老，于是驱使方士为其炼制“仙丹”。炼丹需要跟火打交道。为了获得稳定的药性，在炼丹的过程中，方士们需要进行“伏火”。

所谓“伏火”，就是用一种或几种药或矿石料，按照一定的加热条件加热一段时间，使其改变原来的物理化学性质。比如，硫磺的化学性质很活泼，难以控制，经过“伏火”后，硫磺脱去了黑褐二色，变成金黄色、朱砂色或雪白色，然后才能用。“伏火”的方法很多，有的要同时加入硝石、硫磺和炭，这时就会产生剧烈的燃烧和爆炸现象。刚开始的时候，人们还不清楚导致这种现象的原因，后来在不断的炼丹实践中，炼丹家们逐渐总结出了原因。公元808年，唐代炼丹家清虚子在其著作《太上圣祖金丹秘诀》的“伏火矾法”中记载，将马兜铃（含碳物质）同等量的硝石、硫磺均匀拌和，就能进行迅猛燃烧，放出大量的热量和气体。“伏火矾法”中，火药的三个成分：硝、硫、炭都已经具备，尽管三者的比例和后世的火药配方差别很大，但是也算得上是火药的雏形了。

现在，我们可以得出结论：火药是由中国古代的炼丹家发明的，时间最迟不晚于唐代中期的公元808年，可能还要更早。

▲ 炼丹家发明火药

火药配方的改进

“伏火矾法”所记载的火药配方中，硫磺和硝石是等量关系，而炭的配比量则是不固定的。用这种组分配比制造的黑火药，只能用作燃烧剂，爆炸能力较弱，因此，使用这种火药的初期火器也是以燃烧、纵火为主要目的。

到了北宋时期，由于军事上的需要，当时专门负责为军队制造武器的军器监内增设了火药作，专门制造火药，从而使得火药摆脱了炼丹房的小规模制作，转向了专门作坊的大规模生产。同时，由于各种火器的广泛使用，根据火器的不同用途，如燃烧、爆炸、抛射等等，又出现了针对各种不同用途火器的火药配方。

成书于公元1044年的《武经总要》，是一部北宋官方修撰的军事著作，其中记载了多种火器的制造和使用方法以及火球、蒺藜火球、毒药烟球等三种火器的不同火药配方。这是我国有文字记载的最早的火药配方，当然也是世界上最早、最古老的火药配方。这三种火药配方中，硝、硫、炭的组配比率分别是：50.6%、26.6%、22.8%；50%、25%、25%；49.6%、24.8%、25.6%。和唐代的火药相比，宋代火药中硝石的含量大大提高，火药的燃烧性能和爆炸威力也有所提高。当时的火药还是以燃烧或纵火为主，爆炸性火器已经出现，但威力不是很大。

元朝时，火药的硝石含量又进一步提高，组成成分趋向规律化。到了明代，火药的成分已经固定下来，各成分的配比和火药性能已经十分接近近代黑火药。关于

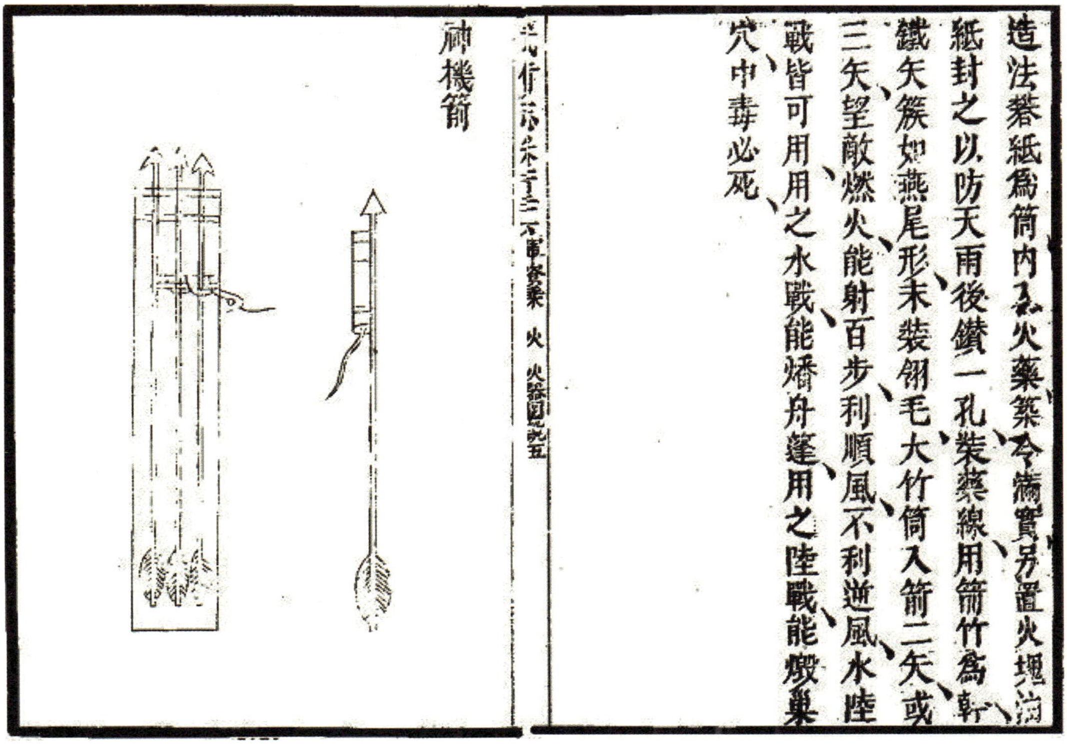
神機箭

造法卷紙爲筒內盛火藥築令滿實另置火[illegible]紙封之以防天雨後鑽一孔裝藥線用箭竹爲幹鐵矢簇如燕尾形末裝翎毛大竹筒入箭二矢或三矢望敵燃火能射百步利順風不利逆風水陸戰皆可用用之水戰能燔舟篷用之陸戰能燬巢穴中毒必死

▲《武备志》中记载的神机箭

明代的火药组分配比，当时的多本著作都有记载，比较著名的有《火龙经》、《纪效新书》、《武备志》，尤其以《武备志》记载最为详细。《武备志》是公元 1621 年由茅元仪编写的，其中记载了制火药方、神火药、飞火药、炮火药、水火药等 31 个品种火药的组分配比，具备了以燃烧、爆炸、抛射及其它战术目的为主的各种性能，与北宋时的三个火药配方相比，无疑是向前发展了一大步，可以说达到了品种齐全的程度。

至此，我们所熟知的黑火药“一硝二磺三木炭”的组分配比已经确立，并流传至今。所谓“一硝二磺三木炭”就是将一斤硝（500 克）、二两磺（62.5 克）、三两木炭（93.75 克）的粉末混合并搅拌均匀，其组分配比是硝 76%、磺 9.5%、木炭 14.3%，这与 19 世纪欧洲黑火药的组分配比中硝酸钾 75%、硫磺 10%、木炭 15% 的比率相比，已经基本一致了。

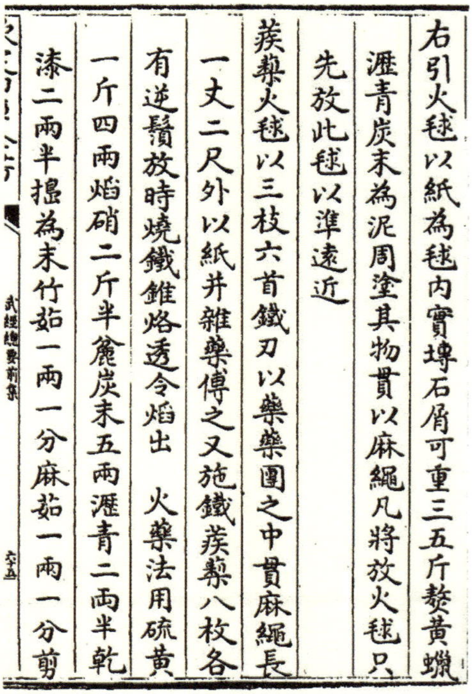
右引火毬以紙為毬內實塼石屑可重三五斤熬黃蠟瀝青炭末為泥周塗其物貫以麻繩凡將放火毬只先放此毬以準遠近
蒺藜火毬以三枝六首鐵刃以藥藥團之中貫麻繩長一丈二尺外以紙并雜藥傅之又施鐵蒺藜八枚各有逆鬚放時燒鐵錐烙透令焰出 火藥法用硫黃一斤四兩焰硝二斤半麁炭末五兩瀝青二兩半乾漆二兩半擣為末竹茹一兩一分麻茹一兩一分剪

▲《武经总要》中记载的制作火药的方法

需要指出的是，明代 1 斤是 16 两，一两相当于现在的 31.25 克。

火药的爆炸原理

黑火药在加热条件下发生燃烧，并放出大量热和气体。其化学反应的方程式是：

$$2KNO_3 + S + 3C = K_2S + N_2 \uparrow + 3CO_2 \uparrow$$

其原理是：硝酸钾分解放出氧气，使木炭和硫磺剧烈燃烧，瞬间产生大量的热和氮气、二氧化碳等气体。据测，每 4 克黑火药着火燃烧，会产生 280 升气体，体积可膨胀近万倍。在有限的空间里，由于气体体积急剧膨胀，导致压力急剧增大，于是便发生了爆炸。在爆炸时，固体生成物的微粒分散在气体里，所以产生大量的黑色浓烟，“黑火药”即因此得名。

印度人发明火药了吗？

关于火药的发明，还有其它的说法。在成书于公元前后的印度《摩奴法典》中，有这么一段记载：“各地方长官不得使用欺诈性器具、放毒武器或任何类型的火器进行战争，不得杀戮病残百姓和哀求留条生路或逃脱无门的人”。如果法典律令记载真实的话，那么印度在公元前后就已经拥有了火器，火药的发明更应在此之前了。

无独有偶，一位名叫菲罗斯特拉泰斯的希腊作家也在对亚历山大大帝（公元前356-323年）远征印度的过程中遭受火器袭击的经历留下了一段精彩的记叙。他写道：“如果亚历山大越过赫发西斯河，毫无疑问，他可以在这片土地上称王称霸，但是他不敢夺城。尽管亚历山大大帝率领勇猛如阿基里斯的千员精兵和强悍如埃阿斯（希腊神话中仅次于阿基里斯的英雄）的三千名士卒，可以发动进攻，但是守军并不出城到荒野迎战。这些受诸神钟爱的虔诚教徒往往从城墙后面抛出暴风骤雨般的弹丸和阵阵霹雳，常把城下围攻的敌人打得落花流水。据说埃及的赫丘利大力神和酒神巴克斯式的人物率兵进攻印度，准备了坚兵利甲，企图消灭印度国。埃及军队一踏上这片国土，没有遇到任何抵抗，平安无事。但当逼近印度人的城池要塞时，狂风暴雨和雷鸣电闪似的爆炸和弹丸却从天而降。”尽管古代的作家们因为种种原因在著叙异域见闻之类的书时往往会夸张失实，但是这段记叙还是值得引起我们的重视。难道古印度人在那时已经掌握了火药的制造和使用方法了吗？

▲ *亚历山大大帝*

▲ 马赛克画《亚历山大东征》

关于古代记载中所说的古印度人使用的“火器”，通常认为那只是一种燃烧剂。有人考证说，那就是由希腊人发明并传到古印度的“希腊火”。那么火药到底是由先由古代中国人还是先由古代印度人发明的呢？答案似乎不言自明了。但是，中国和古印度同为“四大文明古国”之一，其先民在文明发展的过程中各自独立发明出了火药，也并非是不可能的事情。只是中国人发明的火药流传了下来，而古印度人发明的火药却与古印度文明一起湮灭，就如同消失在热带雨林中的玛雅文明那样。

西方关于火药的记载

虽然关于火药的最早起源众说纷纭，但是火药发展史上众所公认的事实是，火药是由阿拉伯商人从中国带入阿拉伯，再通过阿拉伯人入侵欧洲的战争传入西方。这一点是无可置疑的。

有记载说，早在公元 668 年，阿拉伯人在围攻君士坦丁堡的战斗中就使用了“黑火药”；公元690年，阿拉伯人在攻打“圣地”麦加的战斗中也使用了“黑火药”。但这种“黑火药”只是用作纵火武器，究竟是不是我们所说的由硝石、硫磺和木炭组成的黑火药，还是只是一种燃烧剂，是很有疑问的。

在西方，现存最早的火药配方见于格雷斯卡的《论火炸药》一书，成书时间大约是公元846年，书中记载的炸药配方由6份硝石以及各2份的木炭、硫磺组成，这个配方已经接近现代黑火药的成分比例。而在炼金术士和方济各会修道士罗杰·培根写于1249年的一篇关于黑火药的论文中，作者显示出了对黑火药的详尽知识。后来，大约在1320年，德国一个名为施瓦茨的修道士阅读了培根的论文，据此制造出黑火药并宣布了试验结果，中欧诸国于是开始纷纷采用黑火药。英国则直到14世纪时才出现黑火药。因为黑火药在战争中用得越来越多，英国当时自己生产很少，需要到国外购买，于是，在外国使节给英王送礼时，英国王室也往往暗示要带上1桶或数桶黑火药（1英桶约等于164升）。

就火药在欧洲的传播来说，西班牙和希腊由于和阿拉伯人打交道最早也最多，对黑火药的性能和制造技术的了解要早于中欧和北欧。在英国，黑火药作为工业品建厂并大量生产始于伊丽莎白女王在位期间（1558–1603），第一批黑火药工厂位于肯特郡。

“希腊火”和“海之火”

“希腊火”又称“燃烧剂”，最初的发明地是在东方的小亚细亚一带，后来希腊人对其进行了改进，因此得名“希腊火”。“希腊火”最早于公元前5–4世纪被用于战争，在火药发明之前，它是欧洲人使用最多的火攻之物。“希腊火”的配方很多，公元前350年的希腊战术家爱尼斯曾经记下了一个配方，其成分有硫磺、沥青、松脂等引火物及麻屑等易燃物。用这个配方配置的燃烧剂，曾经传入阿拉伯和印度等地。有一种说法认为，亚历山大东征时，印度人用于抗击马其顿军队的就是“希腊火”。11–13世纪时，欧洲人对阿拉伯人发动了多次十字军东征。战争中，双方都使用了“希腊火”。但早期的“希腊火”都不含硝，直到第七次东征时，阿拉伯人才使用了含硝的“希腊火”，用于发射带尾翼的箭，其威力远远大于不含硝的“希腊火”。欧洲人随后也学会了，在第八次东征时使用了含硝的“烟火剂”。这时，

▲ 城堡攻防战中使用的“希腊火”

中国的火器已经发展到管型射击火器的时代。

同“希腊火”相近而时常被人们混淆为“希腊火”的另一种燃烧剂是“海之火”。“海之火”最早出现于公元670−680年之间。据史书记载，公元673年，有个叙利亚技术人员逃到拜占庭帝国的首都君士坦丁堡，向拜占庭人透露了“海之火”的配方和制作方法。公元674年，拜占庭舰队将“海之火”用于作战。公元717年，阿拉伯军队围攻君士坦丁堡，拜占庭人使用“海之火”攻击阿拉伯舰队，解了君士坦丁堡之围。由于“海之火”威力较大，拜占庭人对其配方和制法极为保密，只有很少的高级首脑才知道。后来，随着拜占庭帝国的灭亡，“海之火”的配方也失传了。

“海之火”和“希腊火”不同。“希腊火”主要用于陆战，“海之火”则主要用于海战，烧毁敌方舰船，并因此得名。“海之火”在作战时用虹式喷火管喷射火焰，在燃烧时能产生大量的烟雾，并发出很大的声响。欧洲有人曾试图揭开“海之火”的配方之谜，经过多次试验，认为它的主要成分是硫磺、沥青和松脂等物，不含硝，所以它也不是火药。

▲ 11 世纪拜占庭手稿描述的用于海战的“希腊火”

▲ 攻城作战中使用的手持式“希腊火”

火药的制作

制作黑火药需要将硝酸钾（硝石）、木炭和硫磺混合并尽可能搅拌均匀。硝石是一种高含氧量的盐类，其作用是提供燃烧必需的氧气，促进硫磺和木炭的燃烧，硝石含量的多少决定黑火药威力的大小。木炭和硫磺是可燃物，其爆炸反应主要是由于木炭（碳）在氧化作用后生成一氧化碳（CO）和二氧化碳（CO_2）并产生大量热量。爆炸实际上仅仅是硝石和木炭的作用，硫磺在这方面并不起什么作用。但是硫磺是一种胶合剂，可以使硝石粉和木炭粉很好地结合在一起。硫磺能够在较低的点燃温度下燃烧，这就促进了黑火药混合物的爆炸。

▲ 储存火药的火药桶

▲ 火药作坊用于碾压原料的碾子

硝石如何取得呢？我国的硝石最初出产在四川、甘肃、山西一带，但是因为交通不便，很难运出。最早在炼丹中使用的硝石，来源于低湿土坡、墙根刮取的粉末状土硝，但这种方法获取的硝石数量很少。后来，人们又学会了在牛棚里造硝。把大群牛赶出牛棚，地面铺上一层一层的树叶和土壤，过了几个月，把牛棚里的土挖出来放在大锅里用水煮，然后过滤几次，就可以得到硝石结晶。

硫磺广泛存在于自然界中，不仅有天然硫磺矿，而且在铅锌、铁矿中也夹杂有硫。大约在公元 3 世纪初，湖南就发现了丰富的硫磺矿，后来在山西、河南也发现了硫磺矿。公元 6 世纪的时候，陕西的汉中以出产石硫磺著称，当时有“石硫磺出汉中”的说法。

至于木炭，早在商周时期，我国古人就已经掌握了“伐薪烧炭”的技术，并将之应用于冶铜和炼制金属的生产活动中。木炭是由木材在燃烧不充分或隔绝空气的

▲ 黑火药

条件下加热制成的，所以燃烧时比木材的火力旺、燃烧时间长，是公认的好燃料。就黑火药使用的木炭来说，古人喜欢用剥皮的细柳枝，将柳枝干馏后再经过两年以上的风化就可以用来制作木炭了。

制造黑火药时，首先要将原料配齐，而后按照一定比例把硝酸钾、硫磺和木炭均匀混合，而后再把混合好的药粉，压制成一定密度、一定尺寸的几何形状，最后再把制造好的火药装进密封的容器中，以便于运输和保存。

这里需要说明的是，最早的黑火药都是粉末状，后来则是不规则的颗粒状。随着火器的发展，粉末状和不规则颗粒状的火药已经不能够满足火器的使用要求，甚至容易造成事故。比如随身携带在容器中的粉末状火药，因为摇晃颠簸的缘故，时间长了，炭粉就会逐渐上浮，而硫磺粉因为比较重，就会逐渐下沉。这样，当临阵开枪时，刚开始倒的火药中由于炭粉含量较多，导致枪声无力；后来倒的火药中由于硫磺含量过高，又容易发生炸膛。人们认识到了这个问题，于是便开始将火药制成颗粒状，后来随着工艺的提高，又将火药压成不同尺寸的几何形状。其实，火药变成规则形状，不仅使得火药任一部分的组成成分保持原有比例，更重要的是，它改变了火药的燃烧性能，使其较规则地进行燃烧，从而获得了较好的爆炸性能。

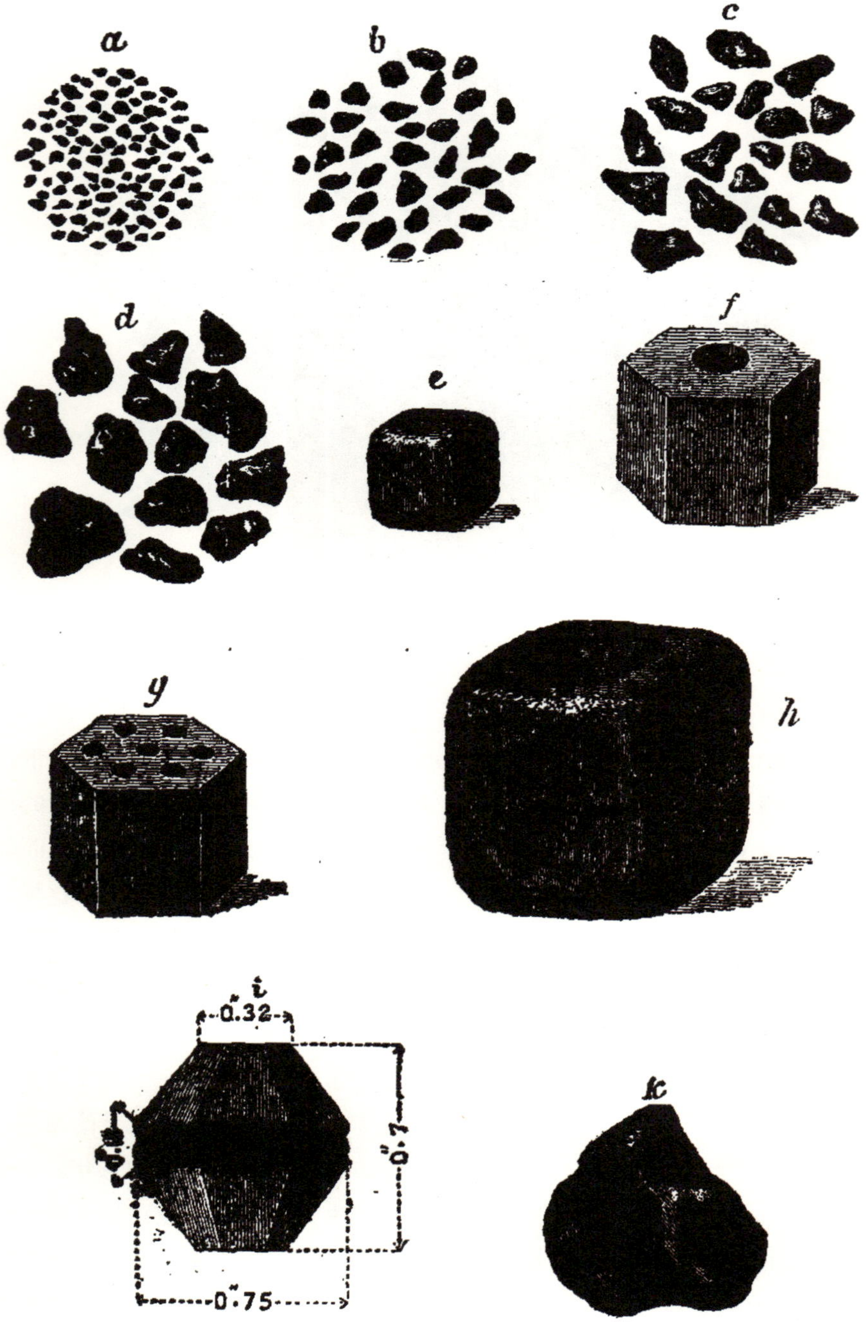

▲ 被制成各种几何形状的黑火药，每种都有不同用途。

第二章 | 火药的应用

在中国，火药发明之初即被用于军事，后来也出现在杂技、戏剧表演和各种庆祝活动中，用以制造烟火气氛，类似于现在使用的烟花爆竹。

唐末的“飞火”

▲ 十世纪的敦煌壁画。注意位于画面右上方的手持火枪和火球的魔王。这是目前所知的最早关于火枪和徒手投掷火器的描绘。

大约在公元 10 世纪初的唐代末年，火药开始在战争中使用。当时，中书令杨行密的军队进攻南昌，“发机飞火，烧龙沙门”。所谓“飞火”，就是用抛石机抛射的火药火球以及箭杆上绑缚火药团的箭支之类。

火药作和《武经总要》

到了北宋，由于建国之初即备受北方少数民族政权辽和西夏的压力，北宋的统治者大都很重视火药和火药武器的制作及生产。随着火药制作技术的日益发展和完善，各种火器层出不穷，由冷兵器主宰了几千年的战场开始迎来了关键的转变。

从宋太祖开始，北宋军队已经着手进行火药武器的试验和试制。公元 970 年，主管兵器制造的兵部令史冯继升向朝廷进献火箭法，并试验成功。公元 1000 年，神卫水军队长唐福向宋真宗献上了火箭、火球、火蒺藜等火器，威力惊人。公元 1002 年，冀州团练使石普也献上了他自己制造的火箭、火球，并在皇宫中为皇帝作了示范表演。唐、石二人均受到了宋真宗的嘉奖。得到了皇帝的首肯，从此，火器便开始成为宋军的正式装备，火器的生产也达到了很大规模。据记载，北宋政府在首都汴梁（今河南开封）建立的专门制造火药和火器的火药作，“日出弩火药箭七千支，弓火药箭一万支，蒺藜炮三千支，皮火炮二万支”。其产量可谓惊人。

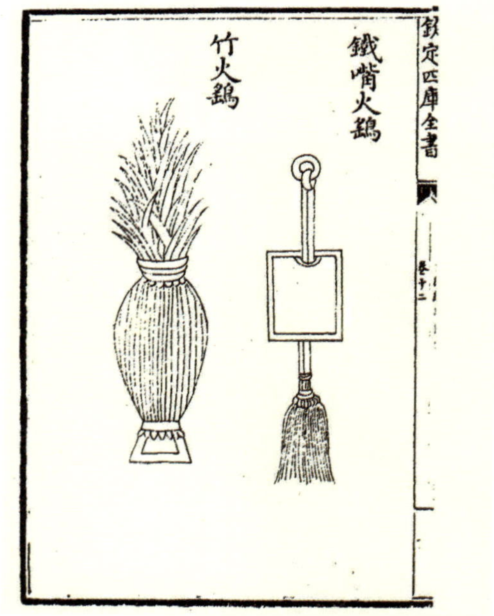

▲《武经总要》中记载的竹火鹞和铁嘴火鹞

《武经总要》中记载了多种火器和火药的制作方法。其中记载的火球火器有引火球、蒺藜火球、霹雳火球、烟球、毒药烟球、火球、铁嘴火鹞、竹火鹞等八种制品。前六种的制法基本相同，通常是先把配置好的火药，同铁片一类杀伤物和制毒物拌和，然后用多层纸糊好并固定成球形外壳，壳外涂上易燃的引火物，待晒干后使用。铁嘴火鹞是用薄板制成鹞身，头部安上铁嘴，尾部绑有杆草，火药装在尾中。竹火鹞是用竹片编成笼型外壳，外壳糊几层纸，内装火药，尾部绑草。作战时，先用烙锥把火球壳烙透，再用抛石机抛到敌阵，达到燃烧、致毒和遮障等作战目的。火药的制作方法则首先将需要的原料按规定的分量备齐，按操作程序熬成膏泥状，再按每一个火球所需要的火药量放入壳中，最后再将融化了的松脂等防潮物敷在外表上。至此，一份火药方算完成。

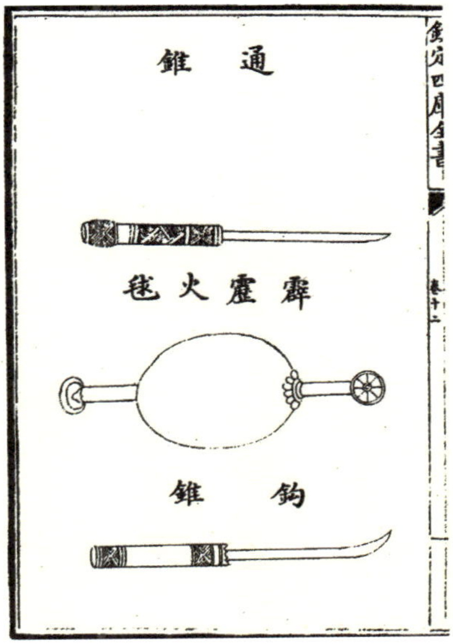

▲《武经总要》中记载的霹雳火球图

▲ 正在点燃火箭的士兵

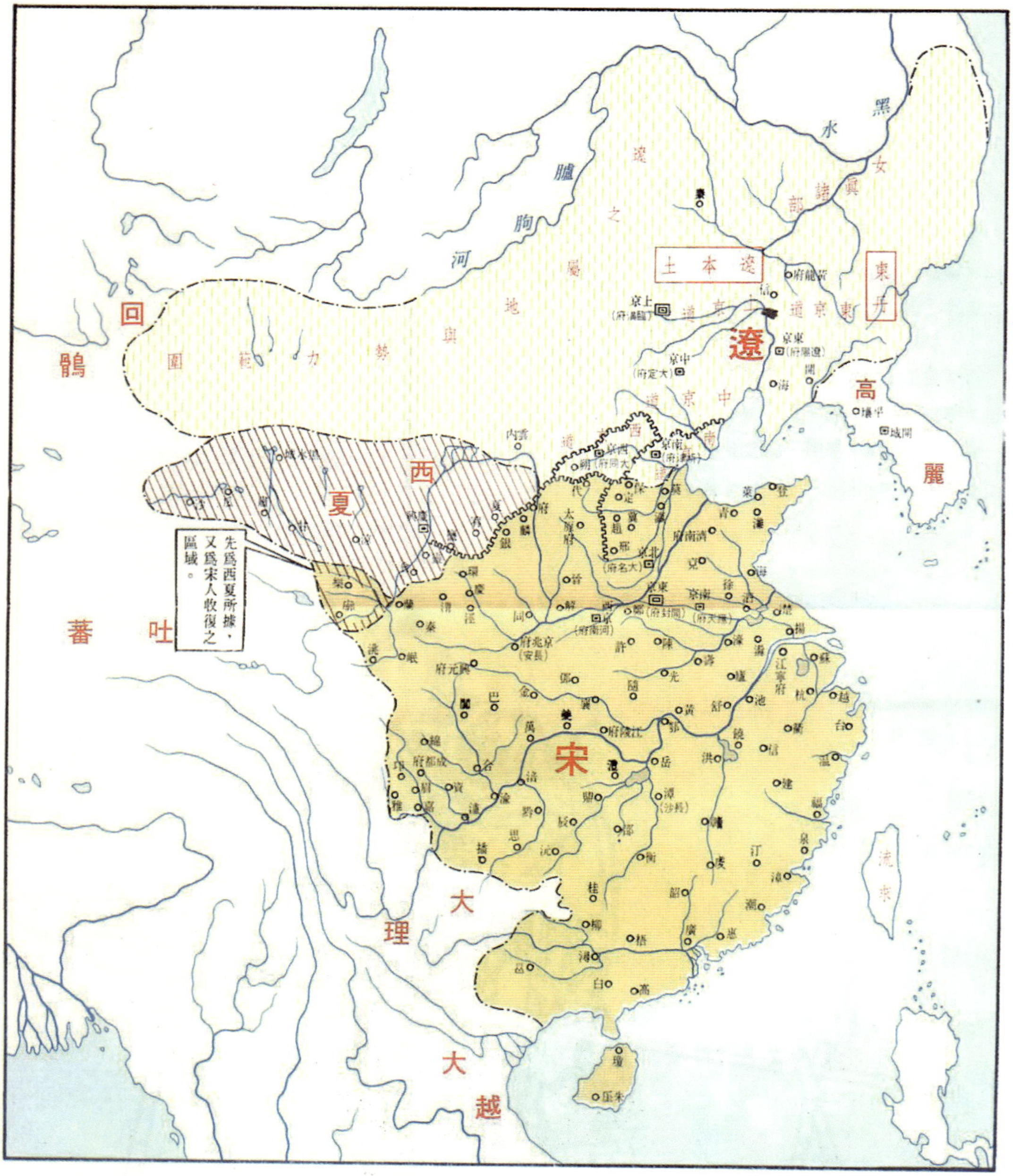
遼
遼之屬地與勢力範圍
遼本土
東丹
女真諸部
黑水
臚朐河
西夏
先爲西夏所據，又爲宋人收復之區域。
宋
高麗
回鶻
吐蕃
大理
大越
流求

▲ 北宋与辽夏疆域略图

靖康之难

北宋的火器、火药无疑是代表了当时世界火器发展的最高水平，并在后来抵御强敌入侵的战争中发挥了重要作用。

靖康元年（公元1126年）正月，金军第一次围攻北宋都城汴京，东京留守李纲亲自登上城楼指挥作战。北宋军队使用床弩和霹雳火炮对金军进行痛击，金军最终无奈撤围。金军见识了火器的威力，认识到仅靠铁骑和弓箭难以取得对北宋作战的胜利，于是从被俘的宋军和工匠中搜罗人才，学习火器的制造和使用方法，并马上用于作战。当年的闰十一月初，金军兵分两路第二次围攻汴京，使用的攻城器械除了火梯、云梯、撞车及各种抛石机外，还使用了火炮、火药箭等火器。金军先在城外筑高台，俯瞰城内，从台上用火器轰击城内，“炮发如雨，箭尤不可计”。北宋军队虽然也使用火器与冷兵器结合进行了顽强的抗击，但是由于朝廷昏庸，不用忠言，汴京城最终陷落。金人大肆掳掠，将北宋王朝辛苦经营百余年的都城付之一炬，并将北宋的徽钦二帝挟持北上。这就是中国历史上著名的“靖康之难”。

▲ 宋徽宗像

▲ 金太祖完颜阿骨打

让人痛心的是，尽管拥有强盛的经济实力、精湛的火器制造技术、高超的火器制作工匠以及充裕的火器生产能力，由于

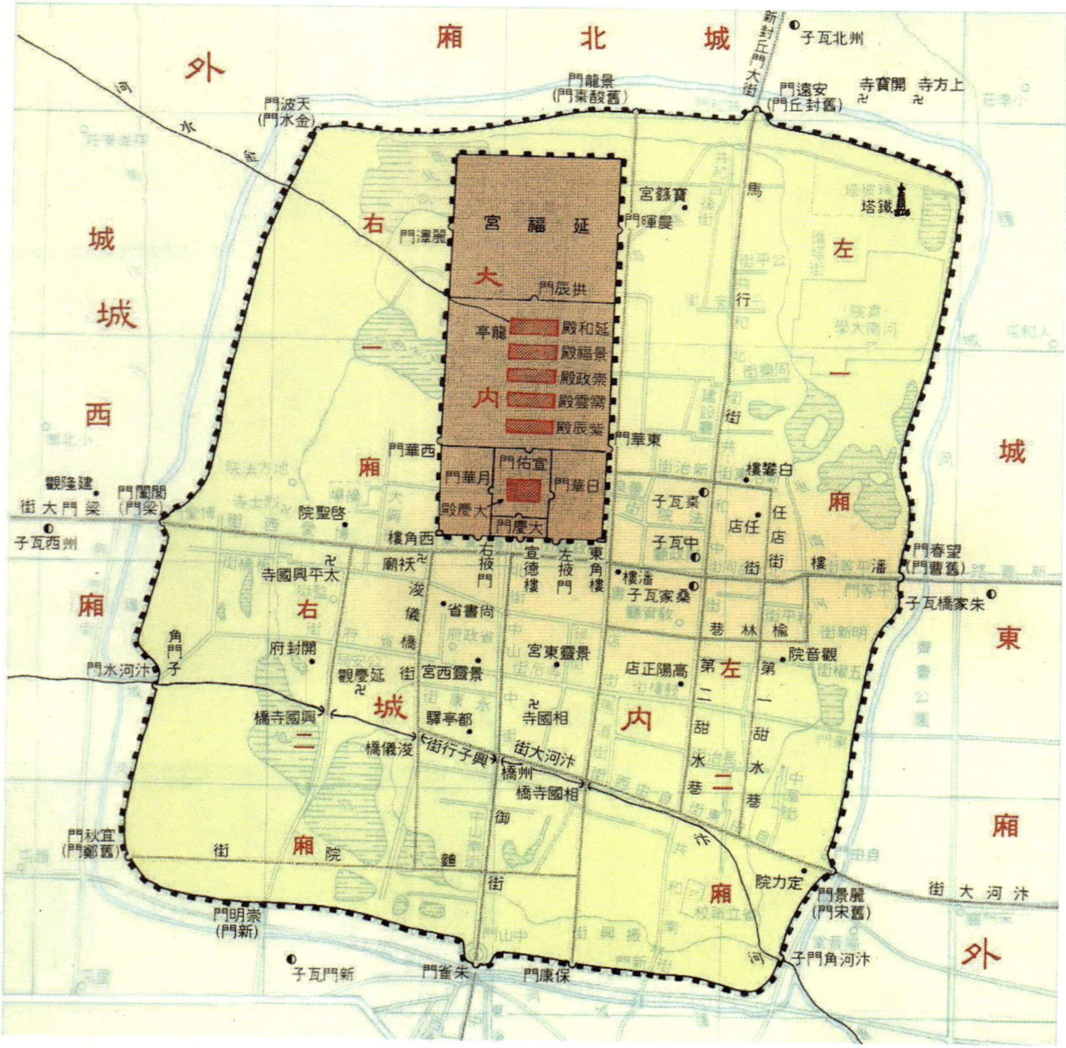

▲ 北宋开封府图

＊ 图片出自美国历史学会网站

政治上的极度腐败，拥有巨大装备和技术优势的北宋军队却在装备简陋的金军面前一败涂地，拱手将淮河以北的半壁河山送给金国人。北宋灭亡。

▲ *北宋东京城模型*

金人对火器的发展

金人灭亡北宋，中原地区的无数资源就沦为金人的战利品，其中包括完善的火药、火器制造业和数量众多的工匠。为了在与南宋的战争中取得优势，金国也不遗余力地发展和完善火器，并创制了铁火炮，金人称之为“震天雷”。

铁火炮用铁做壳，有球形、罐形、葫芦形、合碗型等多种式样，内藏火药，有火捻从炮内火药中通出。使用时，士兵点着火捻，待抛到敌方时，火捻引着火药，使铁壳爆炸，铁壳爆炸后产生的铁片四处飞溅，就会大量杀伤敌军。这种火捻点火引爆的方法，比北宋时期火球用烙锥烙透纸壳的方法，无疑是前进了一大步。

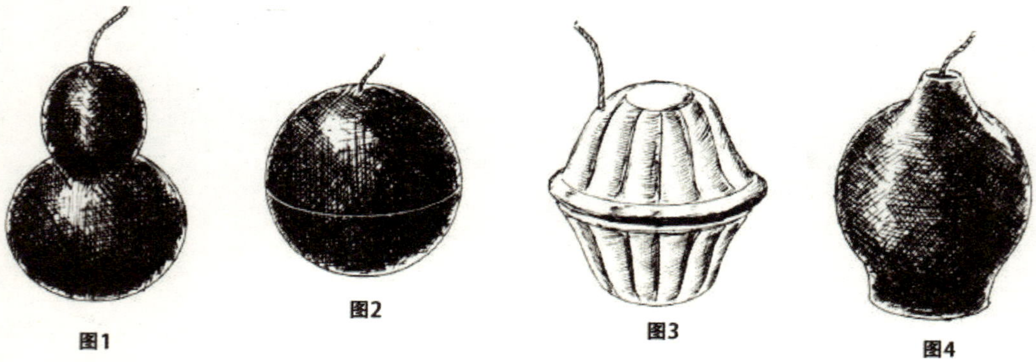

▲ 各种形制的“震天雷”

第三章 管型火器的出现

火枪的发明

由于对抗金军南侵的现实军事需要，南宋方面也对火器进行了许多改进和创新。在南宋火器发展的成果中，除了铁火炮的应用，最突出的当属火枪的创制和发展。

火枪的首次出现是在南宋高宗时，当时（公元 1132 年）德安（今湖北孝感）守将陈规将火药装进长竹竿制成了可以喷射火焰的火枪，用于烧毁敌军的大型攻城器械。这种火枪具体的形制构造，史书上没有详细介绍。从对当时守城战的记载中，我们得知，这种长竹竿枪的枪身粗长，需要三个人合力使用一支，其中一人持枪，一人点放，一人辅助。火枪能够持续较长时间集中喷火，既能很快将目标点着燃烧，又可使喷出的火焰迅速蔓延。

陈规发明的长竹竿火枪比火球、火药箭有很大的改进，陈规也因此被公认为是世界上最早的管型火器发明者。

飞火枪的出现

飞火枪是金人发明的一种单兵使用的管状喷射火器。它的首次出现是在公元1233年。当时，金军在与蒙古军队的作战中败退，蒙军紧追不舍。金军首领蒲察官奴率领一支由450人编成的飞火枪队，各持飞火枪一支，并带铁火罐，内藏火源，夜袭蒙古军营。蒙古军队因为连续的胜利而放松了戒备，金军飞火枪火焰齐喷，蒙军营房四下火起。从睡梦中惊醒的蒙古士兵吓得手足无措，四散奔逃，金军乘胜追击。此战，光溺死在水中的蒙古士兵就有3500多人。最终，金军取得了夜袭战的胜利。

相比陈规创制的竹火枪，飞火枪又前进了一大步。如上文所述，竹火枪的枪身比较笨重，使用的时候需要三个人协同操作。飞火枪则是用16层黄纸层层卷成筒形，长两尺多，筒内装有柳炭、铁渣、碎瓷、

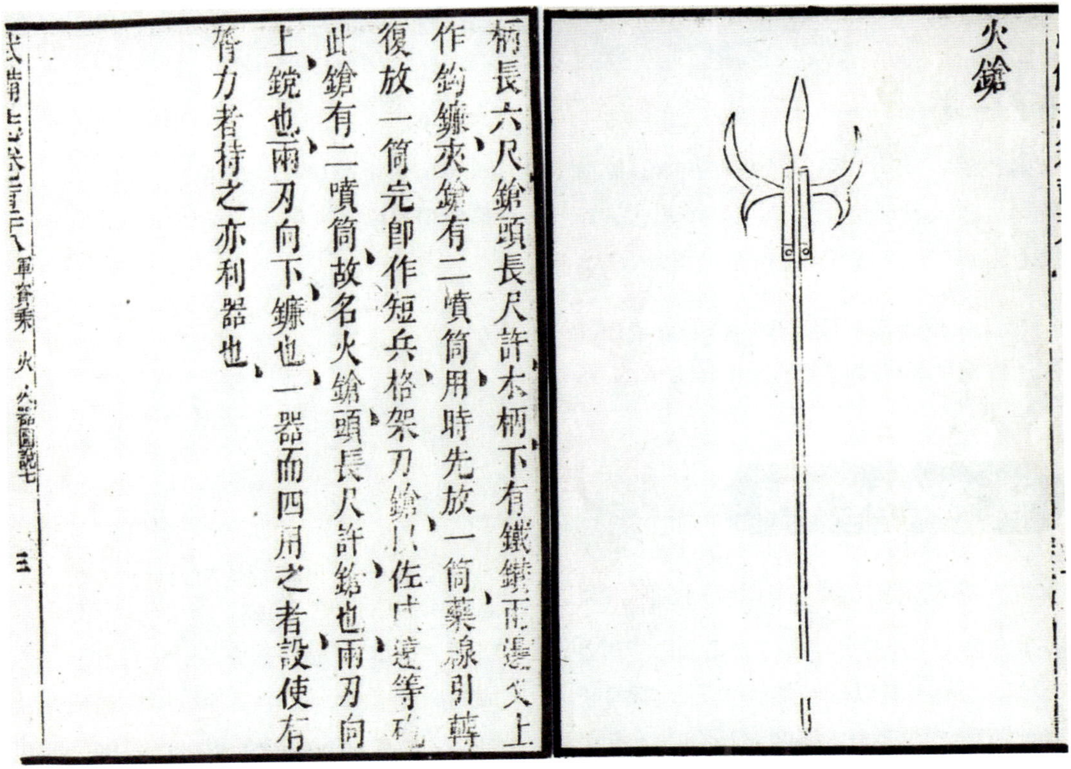
柄長六尺鎗頭長尺許木柄下有鐵鐏而邊叉上作鈎鐮夾鎗有二噴筒用時先放一筒藥線引轉復放一筒完即作短兵格架刀鎗只佐其遠等耗此鎗有二噴筒故名火鎗頭長尺許鎗也兩刃向上銳也兩刃向下鐮也一器而四用之者設使有膂力者持之亦利器也

▲《武备志》里记载的钩镰喷筒飞火枪

▲ 蒙金之战

硫磺、硝石等物，用绳子系在枪端。临阵使用时，点燃引线，火焰从筒中喷出，距离能达到一丈多远，因此得名“飞火枪”。

飞火枪非常轻便，火焰喷射完毕还能使用锋利的枪头刺杀敌人，因此，飞火枪既是历史上最早出现的单兵火枪，也是最早使用的单兵两用兵器。

突火枪的发明

公元1259年，南宋理宗时，寿春府（今安徽寿县）地方的火器研究者创制出了“突火枪”。突火枪以巨竹筒为枪身，筒内装填火药和“子窠”。筒壁上开有一个点火小孔，引线穿过小孔和筒内火药室相联。点燃引线后，火药喷发，将“子窠”射出。所谓“子窠”，是由碎瓷片、铁片和石子组成的原始子弹，击中目标以后会造成一定杀伤。此外，突火枪发射时产生的巨响也能给敌军造成巨大的心理震慑。

突火枪已经具备了管型射击火器的三个基本要素：一是身管，二是火药，三是弹丸（子窠）。和它出现之前的管型火器相比，火枪和飞火枪还只是一种利用火药燃烧性能，喷射火焰烧灼敌军的纵火武器；突火枪则是利用火药燃烧能量推动子窠毁伤目标，直接击杀敌军的射击武器。相比前两者，突火枪的理念更先进，作战效能也要好得多。

突火枪是后世管状射击武器的鼻祖。它的出现把人类带入了管形射击火器的时代，并奠定了金属管形射击火器——火铳的基础。从此开始，火器开始进入了快速发展的阶段。

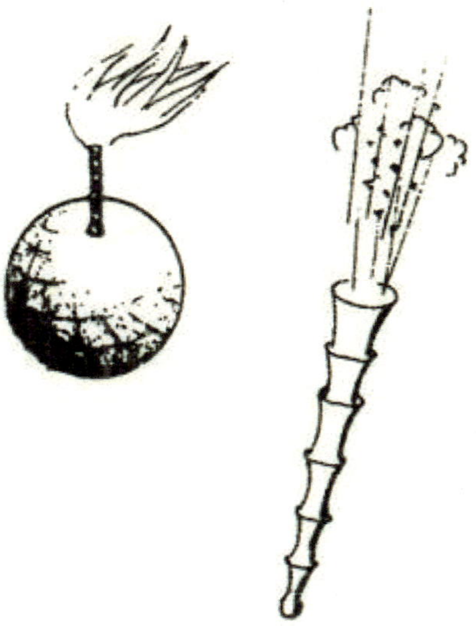

▲ 突火枪和震天雷

火铳的发明和使用

蒙古人依靠武力推翻了金人对中国北方的统治，并取而代之。在杰出的领袖成吉思汗的统帅下，蒙古人的武功达到了空前的程度。西夏和金相继灭亡，蒙古人的兵锋从中亚草原一直越过高加索山，到达俄罗斯的伏尔加河。成吉思汗死后，他的子孙继承了他的遗志，扩张势头更加凶猛。向东，直指日本；向南，远及爪哇；向北，覆盖了整个西伯利亚；向西，摧毁了苟延残喘的阿拉伯帝国。整个欧洲都在蒙古的铁蹄下颤抖，只有占据长江以南的南宋还在与其顽强战斗。

▲ 西安出土的元代青铜手铳

这样，我们就不难理解，为什么火器史上的关键转折是出现在元代。固然，火药和火器经过数百年的实战使用和持续发展，相比其最初的形制已经发生了巨大的变化，有了这个基础，元代火铳的出现可以说是水到渠成。但是，我们还必须承认，正是蒙古人的穷兵黩武，造成了对火器的

▲ *南宋中兴四将，左起第二为岳飞。*

极端重视，加快了火器革新的步伐。这是一个重要的催化剂。

元代火铳是南宋突火枪的发展，两者的点火和发射方式相同，都是用点火物点燃筒（铳）中通出来的火捻，引着火药，利用火药燃烧后产生的气体膨胀力，将弹丸射出，杀伤目标。但是，由于火铳用金属制身管取代了突火枪的竹制枪管，相比突火枪，火铳的作战效能有了一个巨大的飞跃。此外，相比于突火枪单一的形制，火铳又根据不同的战术目的进行了细分，既有单兵用的手铳，还有城防和水战用的大碗口铳、盏口铳和多管铳等。手铳即是手枪的前身，大碗口铳、盏口铳则开启了后世火炮的先河。

由于使用铜或铁铸的身管，火铳的使用寿命大大增加，发射威力和发射速度也大大提高。正是因为火铳具备的诸多优点，一经创制成功，便迅速装备蒙古军队，广泛用于其征服欧亚大陆的历次战争。

▲ 元至顺三年铜盏口铳

第四章 火药和火器的传播

▲ 成吉思汗

公元1206年，蒙古乞颜部首领铁木真统一蒙古各部，被推举为成吉思汗（意为“和大海一样伟大的君主”），从此开始了蒙古人四面扩张的步伐。随着对金国作战的胜利，蒙古军队也获得了大批火器工匠，掌握了火药和火器的制作、使用方法，并运用于其后的一系列战争中。正是蒙古骑兵出色的战术和古代中原先进的火器及攻城技术的结合，造就了横亘欧亚大陆两百多年的蒙古帝国。通过蒙古人的征服战争，中国的火药和火器开始传入世界各地。

蒙金战争要图
0 100 200公里
蒙
金
西夏
南宋
成吉思汗军
(1211年)
成吉思汗军
(1212年)
三模合拔都部
木华黎部
(1214—1215年)
哲别部
(1212年)
北京
大定府
东京
辽阳府
锦州
古北口
怀来
居庸关
中都
(北京)
乌沙堡
抚州
(张北)
会河堡
官山
云内州
西京
大同府
东胜州
(托克托)
武州
紫荆关
涿州
金军
(1215年)
左军
红军
河间府
真定府
太原府
右军
(1213—1214年)
中军
(1213—1214年)
莱州
(掖县)
益都府
济南府
大名府
(1214年)
平阳府
延安府
窝阔台军
(1230年)
窝阔台军
(1231年)
白坡
郑州
南京
开封府
归德府
(商丘)
邳州
凤翔府
宝鸡
长安
京兆府
潼关
河南府
(洛阳)
(1232年)
三峰山
(1234年)
蔡州
(汝南)
邓州
唐州
金州
(安康)
光化军
孟珙部
(南宋)
建康府
(南京)
渤海
(黄海)
黄河
渭水
汉水
淮水
大江
辽河
滹沱河
汾水
桑干水

▲ *蒙金战争要图*

蒙古人的第一次西征

公元 1218 年，成吉思汗向当时称霸中亚的花剌子模帝国派去了由 450 名商人组成的通商团队，在通过花剌子模的边境城市讹答时，商团遭到了该城守将的羞辱和杀害，仅有一人逃回报信。成吉思汗极为震怒，于是在次年秋天亲率 20 万大军征讨花剌子模。这就是历史上著名的蒙古军队第一次西征。这次西征以花剌子模帝国灭亡而告终，蒙古军队的先锋越过了高加索山，在南俄草原击败了罗斯（俄罗斯、乌克兰、白俄罗斯等民族的古称）联军。

蒙古人的西征大军中随行有大批的火药、火器制作工匠，并在战争中发挥巨大作用。公元 1219 年，蒙古军围攻花剌子模的撒马尔干城时，汉军将领郭宝玉指挥所部用火箭射烧阿姆河中的花剌子模战船。公元 1220 年，蒙军攻击尼沙城时，修筑了一座高台，使用 20 门弩炮从高台上对城内连续轰击了 15 天，发射了大量火箭、毒火罐和火炮弹。

▲ *13 世纪初期的花剌子模和喀喇契丹*

▲ 战斗中的蒙古骑兵

蒙古人的第二次西征

公元1235年，成杰思汗的孙子、长子术赤的儿子拔都率领蒙古大军西征欧洲，史称蒙古人的第二次西征。蒙军随军携带了大批的火炮、火药箭等火器。

公元1240年，拔都到达波兰华沙城下，并使用毒药烟球攻城。波兰人不知道火药为何物，还以为蒙古人是驱使怪物喷毒。次年，在莱格尼察附近的瓦尔施塔德战役中，蒙古军队使用了火药箭和毒药烟球，大败波兰和日耳曼联军。后来，在围攻莫尔维亚的沃缪兹城时，蒙古军队又发射大量火药箭，城里的建筑物多被焚烧。

在西征期间，蒙古人几乎在每次战斗中都使用了火器，更加深了当时欧洲人的恐惧心理。但是，由于蒙古军队采取了严格的保密措施，再加上当时欧洲科学文化的落后，欧洲人虽然见到了火器，却没能进行仿制，更不用说作战使用了。

◀ *1362 年秋，立陶宛联军和金帐汗国军队的蓝水之战*

蒙古人的第三次西征

公元1253年，成杰思汗的另一个孙子、第四子拖雷的儿子旭烈兀率领蒙古军队发动第三次西征，随军编入了1000余名工匠，这次的目标是黑衣大食（阿拉伯帝国）。

在先进的攻城设备的帮助下，蒙古军队所向披靡，很快就攻下了阿拉伯帝国的首都巴格达，兵锋一直推进到当时埃及王朝的边界。在围攻巴格达时，蒙古军队使用了铁火炮，阿拉伯人称之为“铁瓶”。

就在蒙古人摩拳擦掌，准备一鼓作气征服埃及，饮马尼罗河时，埃及马木路克苏丹在叙利亚的大马士革以南击溃蒙古军队，一举遏制住了蒙古的扩张势头。正是在这次战役中，马木路克王朝获得了蒙军的火器和制造火器的工匠。

▲ 巴格达之战

阿拉伯人学会了制作火器

由于阿拉伯人当时已经具备了比较发达的科学技术，在工匠们的帮助下，不久，阿拉伯人也学会了火药和火器的制造技术，并制成了“马达法”。

▲ 西班牙人和阿拉伯人作战

▲ 元军东征日本（公元 1281 年）

“马达法”以木管为枪筒，尾部插有长木柄，管中装填粉状火药，木质管壁上开有一个小圆孔用来点火。“马达法”和我国南宋时期使用的“突火枪”、“飞火枪”具有同样的形制，但其使用木筒作枪筒，比“飞火枪”使用的纸筒、“突火枪”使用的竹筒又前进了一步。

阿拉伯人制成“马达法”后，便在 14 世纪 20 年代用于同欧洲人作战。公元 1325 年，阿拉伯人围攻西班牙的巴扎城时使用了“马达法”，从而将“马达法”带到了西班牙。之后，西班牙人又将“马达法”传到西欧。欧洲人遂以“马达法”为模式，仿制成功了欧洲最早的金属管形射击火器“火门枪”。以此为起点，欧洲人逐步掌握了制造、使用火药和火器的技术。

对日本和爪哇的进攻

随着蒙古人的扩张步伐，火器也曾经传入过日本和爪哇（今印度尼西亚）。公元 1260 年，成杰思汗的另一个孙子、拖雷的第四个儿子忽必烈登上了蒙古帝国的宝座，并于公元 1271 年改国号为“大元”，是为中国历史上的元朝。

公元 1274 年和公元 1281 年，忽必烈两次命令元军东征日本，两次都因为海况的恶劣而失败。日本的史书上记载了当时东征的元军使用火器同日军作战的情况。有一段描述元军使用铁火炮同日军作战的记载这么写道：“击鼓之后，兵刃相接，抛射出球形铁炮，沿山坡而下，形如车轮，声震如霹雳，光闪似雷电。”正是由于元军的东征，日本人才知道世上还有铁火炮这种厉害的武器。但是当时的日本还很落后，不具备仿制中国火器的条件。后来，直到 15 世纪时，大海盗头目王直和葡萄牙人来到日本，日本人才开始有了火器。

出于同样的原因，爪哇也没能仿制中国的火器。

欧洲人对火器的态度

火器的传入，在当时的欧洲引起了极大恐慌。从王公贵族到平民百姓都对火器的威力惧怕不已。

一名法国作家写道："1547 年以前，法国不曾使用过这种可怕的武器袭击人。法国人在 1338 年用火器有效地摧毁过一些城堡，但是用它打人，法国人认为是极不人道的做法。英国人在非人道方面无疑超过了我们，百年战争中著名的克雷西决战（1346 年），奸诈狡猾的英王爱德华三世对克雷西村外小山首次使用火炮轰击，法军损失惨重。"

关于火器，法国国王弗朗西斯一世（公元 1515—1547 年在位）时期的名将蒙特吕克如是说："我必需恪守这样的信条，即我指挥的部队只能配备弓弩手，因为那时在我国还不存在装备火器的士兵……人怎么会发明这种不祥物，这事一直到现在还使我惴惴不安。我曾目睹为数众多的勇敢的棒小伙子被火器杀害，就是那些不敢面对面一决雌雄的胆小鬼、恶棍射出来的卑劣弹头把他们打翻在地的。事实昭然若揭，魔鬼正是要利用火器勾引人类互相残杀的。"

▲ 中世纪欧洲骑士

在所有的反对者中，要数骑士们闹得最凶，他们强烈反对使用火器。因为骑士身上披的厚重的盔甲足够抵御弓箭的侵害，但是再厚的盔甲也难抵挡重型弹头的侵彻力。随着火器的性能不断改进，射手的技能日益提高，骑士对火枪手的优势也日益丧失。

尽管反对者众多，但是火器的发展不可抗拒，冷兵器的重要性逐渐下降。到了16世纪中叶，随着各国军队配备的火器越来越多，曾经纵横战场、所向披靡的骑士们只能俯首帖耳，要么解甲归田，要么改换门庭去当火枪兵了！

火药引起的变革

火药的传入给西方带来了根本变革，也正是火药同其它三大发明一起推动了欧洲文艺复兴的历史车轮。

由于火器的出现，石墙内的封建城堡不再是攻不破的壁垒，贵族骑士的厚重铠甲也抵不住火枪的威力，持续千年的中世

▲ 中世纪欧洲城堡

纪随着封建制度的覆灭而远去，一个崭新的欧洲出现了。在发现财富的欲望驱使下，装载着火炮和火枪的舰队从欧洲的港口扬帆起航，他们发现并征服了新大陆，在世界各地建立殖民地，开启了长达数百年之久的欧洲时代。

而此时的中国，由于从上到下闭关锁国的保守思想，火药、火器的理论研究和制造技术均出现了停滞，逐渐落在了西方的后面。

第五章 元末明初火器的使用

火铳一经创制后，就被用于作战。到了元朝末年，火铳的使用逐渐频繁起来，不仅元军中大量装备，就连各地蜂起的农民起义军也装备了大量火铳，其中以朱元璋的红巾军装备最多。在朱元璋翦平群雄、争霸天下的过程中，火器发挥了不可替代的作用。

火器在水战中的运用

在元末风起云涌的起义中，朱元璋、陈友谅、张士诚率领的义军是其中最重要的三股力量。他们虽然同为义军首领，相互之间却势同水火，都在竭力扩充实力，抢夺地盘。

公元 1363 年，朱元璋率舟师 20 万至鄱阳湖，同陈友谅的主力（号称 60 万）进行决战。战前，朱元璋仔细察看了陈友谅以巨舟相连的水师，判断陈军虽然势众，但是战船相连，进退困难。根据陈军的这个弱点，朱元璋制定了“先发火器，次弓弩，近其舟则短兵击之”的水战战术。战斗开始后，朱军按照战前部署攻击陈军水阵，碗口铳、手铳、火箭、火蒺藜、火枪、将军炮等火器一齐发射、抛掷到陈军战船上，焚毁陈军战船 20 艘，陈军死伤极多。后来，双方又经过多次激战，最终陈友谅的部队溃败，陈友谅本人也中箭身亡。

▲ 明太祖朱元璋

火器在野战中的运用

公元 1367 年，朱元璋登上皇帝宝座，建立明朝，年号“洪武”。

洪武二十一年（公元 1388 年），明朝大将沐英受命平定云南地方叛乱。叛乱武装使用象兵为前阵、步骑兵随后的战术，试图靠象群的冲击先冲乱明军的阵脚，而后乘乱掩杀明军。沐英识破了敌人的目的，并针对性地布置了战术。他将火铳和神机箭兵排成三行，位于步兵阵列的前方。待敌军驱使群象冲突而来时，第一列火铳和神机箭兵铳箭齐发，猛射象兵。射毕，即从两侧退到后列装填弹药，准备再射。当第一列火铳、神机箭兵射毕时，第二列上前继续齐射，如此反复再三。敌军象兵多中铳箭，掉头奔逃，践踏身后的敌军，敌军因此全军溃乱。明军大胜。

在这次平叛战争中，沐英首创了在野战条件下使用火铳进行齐射的战术，这种战术后来在明成祖朱棣征伐漠北蒙古的历次战争中又得到了进一步的发展。

▲《明太祖功臣图》中的沐英画像

火器在攻城战中的运用

▲ *象兵作战*

火器在攻城战中，主要用于摧毁敌方城防，杀伤敌人的有生力量，突破守城敌军的防线。

公元 1408 年，明成祖永乐四年，朱棣因为安南当局阴谋杀害明王朝的使臣，于是决定派军讨伐交趾。征伐交趾的明军包括步兵、骑兵、舟师和神机枪炮兵等多个兵种。在进攻交趾的多邦城时，多邦城的交趾兵携带栏盾、骑大象迎战明军。明军统帅命令神机枪炮兵在大军阵前首先迎敌。在明军铳箭的攻势下，交趾象兵所骑的大象四处奔逃，明军乘势追击，多邦城一战而下。

火器在守城战中的运用

除了在野战和攻城战中使用外，火器在守城战中也有成功使用。

公元 1449 年的土木堡之变中，明英宗所率的 50 万明军全军覆灭，明英宗本人也被瓦剌军俘获。瓦剌首领也先率军 12 万分东西两路围攻北京。当时北京兵力空虚，情况十分危急。

极力主战的明朝兵部尚书于谦迅速判断了敌我双方各自的优势和劣势，并进行了周密的布置。他指挥神机营设伏于德胜门外的村落间，另以小股精锐骑兵且战且退，引诱瓦剌军队追击。等到瓦剌军被引诱到设伏地域，之前埋伏的神机营突然立起，用火器猛射瓦剌骑兵。瓦剌军队惊慌

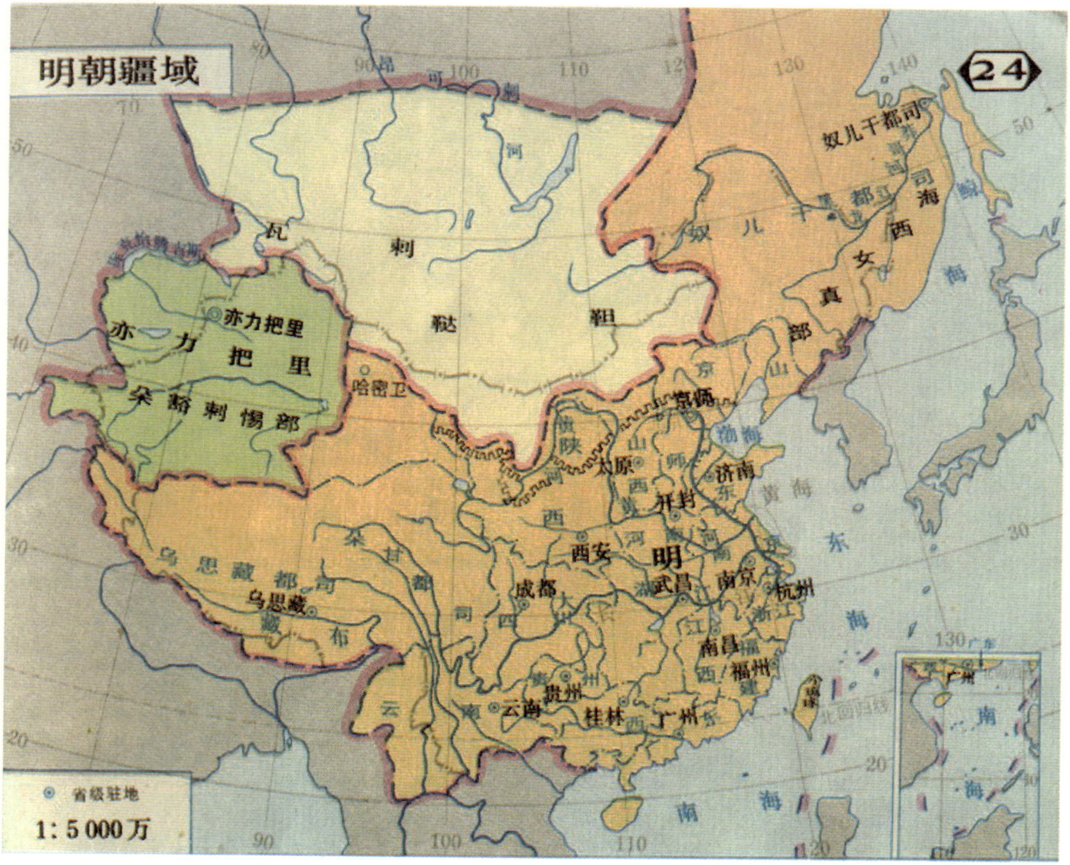

▲ 明朝疆域图

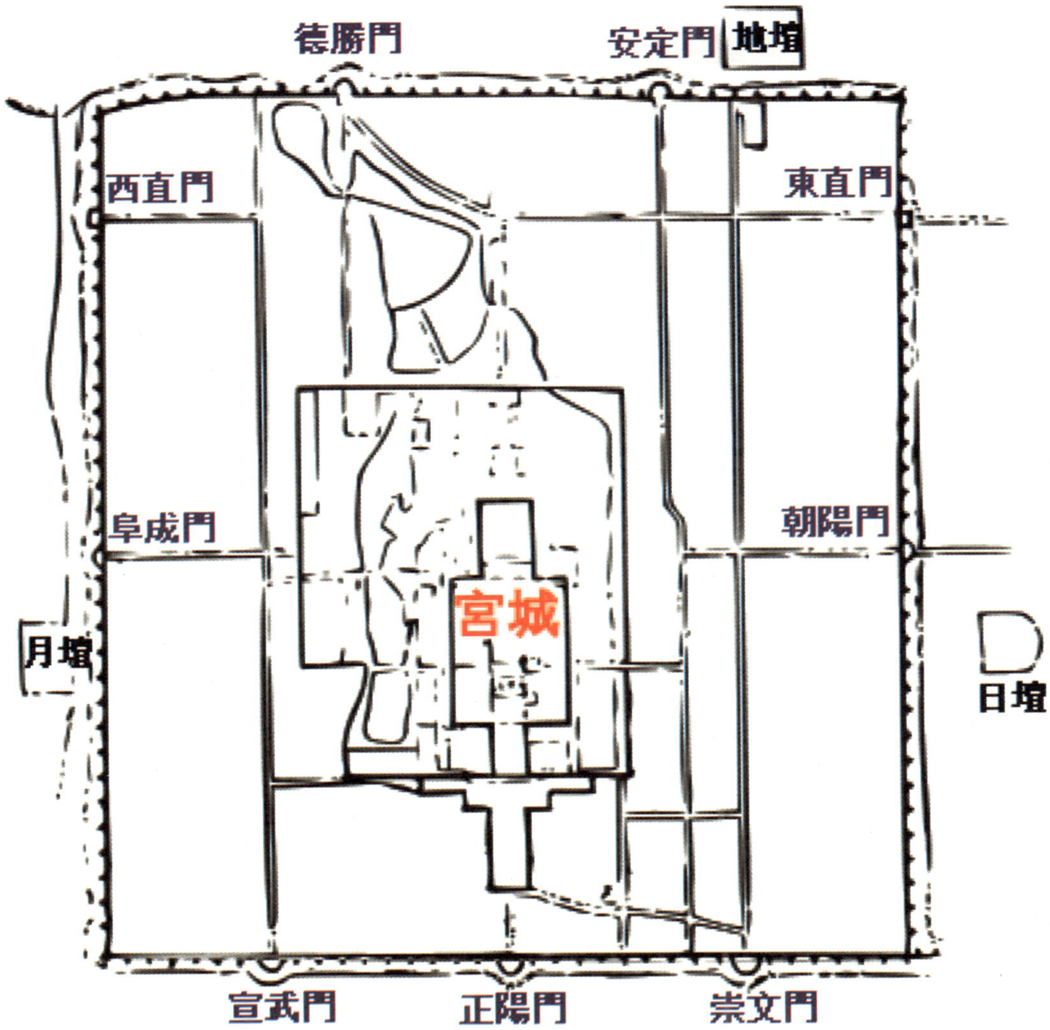

▲ 明代北京城

* 图片出自美国历史学会网站

失措，死伤万余，溃散9万多人，也先的弟弟也被射杀。在其它地方攻城的瓦剌部队也多被枪炮杀伤。也先看到所部遭到明军枪炮惨重杀伤，不敢再战，连夜撤围北窜。

北京保卫战中，明军使用火铳数量之多，守城战术之熟练，显示了明朝前期军队已经具备了很高的火器装备和训练水平。

火铳在军队中的编制

元末明初火铳的大量使用，对军队的装备结构和编制产生了巨大的影响。

最初，火铳在军队中的使用并没有明文规定，带有很大的随意性。明朝开国皇帝朱元璋在争夺天下的过程中，他的军队中大量装备了火铳和其它火器，并在作战中发挥了巨大作用。正是由于切身体会到火器的重要性，建立新王朝以后，朱元璋大力加强军队中的火器建设。洪武十三年（公元 1380 年）正月明确规定一百户（百户是明军的一个基本单位，相当于现在的一个连）军人中，使用火铳的 10 人，使用刀牌的 20 人，使用弓箭的 30 人，使用长矛的 40 人。可见当时火铳手已经成为明军的正式编制，并达到了和冷兵器一比九的比例。这是陆上的情况。

水军的情况又如何呢？未见明确记载。但据洪武二十六年（公元 1393 年）的规定，一艘大型海运船装备的军器包括手铳 16 支、碗口铳 4 门、火枪 20 支、火攻箭 20 支、火叉 20 把、火蒺藜炮 10 门、铳马（配件）1000 个、神机箭 20 支。光手铳、碗口铳、火枪等管型射击火器就有 40 件，可见其装备的火器数量之多。

据估算，当时全国各地的明军装备的火铳数目在 12.5 万 ~18 万支之间，这在当时的世界各国是绝无仅有的。随着火器的大量装备，明军也创造和发展出了使用火器和冷兵器相结合的新战术，并广泛运用于战争中。

神机营的创制

明成祖朱棣的时候，由于用兵交趾（今越南）和亲征漠北（今外蒙）的需要，于永乐八年初成立了专习枪炮的神机营。在其后的多次漠北之战中，神机营均作为明军的精锐，跟随明成祖出征。神机营是世界上创建最早的专门火枪部队，比 16 世纪初西班牙的火枪兵团要早一个世纪。

作为神机营的创建者，朱棣对火器的使用有着深刻的认识，提出了“神机铳居前，马队居后”，前锋要疏，后队要密，战斗之际，“首以铳摧其锋，继以骑冲其坚”等一系列作战原则。当时，京城的明军精锐编为三营，即五军营（步骑兵）、三千营（骑兵主力）和神机营（火器）。作战时，五军营列阵，三千营居于两翼，神机营位于阵列最前。首先是神机营的火器齐射，而后三千营冲锋，五军营跟进。事实证明，这种诸兵种协同作战的战术是在旷野地带对付蒙古骑兵的有效办法。正是依靠这种战术，明军赢得了漠北之战的胜利。

▲ 明成祖朱棣

神机营的编制构成

神机营共有官兵 5000 人，其中步兵 3600 人（全配火器）、骑兵 1000 人、炮兵 400 人（管理火炮及大连珠炮）。

装备霹雳炮 3600 杆（步兵火铳），合计用药 9000 斤，重八钱铅子 90 万个；大连珠炮 200 杆（多管火铳），合计用药 675 斤；手把口 400 杆（炮兵防身用手铳）；盏口将军 160 门（火炮）。

为了保证持续的火力，神机营采用了新的战术。战斗时，神机营通常分为三排，前一排首先由处于队列第 1、3、5、7、9、

▲ 神机营的火枪战术

11 等奇数位置的士兵射击，再由处于队列第 2、4、6、8、10、12 等偶数位置的士兵射击。前一排的士兵在每一次射击之后，马上将神机铳递回中间一排的士兵，同时从中间一排的士兵手中接过装好弹药的神机铳。中间一排的士兵一方面负责从前排士兵的手中接过射击之后的神机铳，并向后传递给第三排的士兵装上弹药；另一方面负责从第三排士兵的手中接过已经装好弹药的神机铳，并向前传递给前一排的士兵。这种战术保证了火力的持续性，在当时无疑是十分先进的。

仿制中国火铳的“火门枪”

在欧洲，最早的金属管形火枪被称作“火门枪”。之所以叫火门枪，是因为枪上有一个点火的火门。早期的小型火铳都属火门枪。相比于手持式的火门枪，放在架坐上和马车上的则叫“火门炮”。

火门枪结构很简单，发射方式类似于今天的爆竹。火门枪的发射管由黄铜或青铜铸成，也有的采用熟铁。发射管的下端有一火门，用来点燃火药。许多火门枪就是一个直筒，少数带有较大筒径的弹膛，筒的尾端接在一个木棍或长矛上，射手握持木棍或长矛进行瞄准和控制。

火门枪的发射一般需要两个人。发射时，先将黑色火药从枪的膛口装入，再装入诸如石弹、铁弹、铜弹或铅弹一类的弹丸（有的还发射方镞箭头），再把点火药装入火门内，接着用烧得红热的金属丝或木炭点燃火门里的火药，从而将弹丸射出。发射时，两名射手分别负责瞄准和点火。火门枪的操作很不方便，单人操作时尤其如此。当时的射手们这样评价火门枪：“单人操作火门枪，得有两双眼睛三只手才行！”

尽管如此，这种今天看来很落后的火枪，在当时却产生了巨大的威力。在欧洲，最早装备和使用小型火门枪的军队是德国黑衣骑士。骑士们一人挎一支火门枪，战斗中，用绳子把枪吊在脖子上，左手握枪，右手点火，打完一次再重新从膛口装人火药和弹丸。尽管火门枪操作麻烦，发射速度和命中率均较低，但这种新式武器还是给敌方造成了巨大的心理震慑。在与法国军队的一次战斗中，德国骑士使用了火门枪，吓得手持长矛和刀剑的法国士兵四处乱逃，不费吹灰之力取得了战斗胜利。

欧洲最早有关火门枪的记载是在公元1324年的意大利佛罗伦萨，实际使用还要在此之前。在公元1343年的意大利教堂壁画上绘制有使用火门枪、炮进行陆战和海战的情况。当时围城和守城的士兵均使用此类火器，只是由于枪膛漏气的问题解决不好，当时火门枪的射程很近，围攻城堡时，

▲ 公元1390—1400年间的西欧火门枪

▲ 三眼铳

▲ 公元1380年的西欧火门枪

▲ 土耳其伊斯坦布尔军事博物馆收藏的早期火门枪

▲ 15 世纪初期（公元 1402—1404 年）的德国火门枪，射手使用烧红的铁棒引燃点火线。

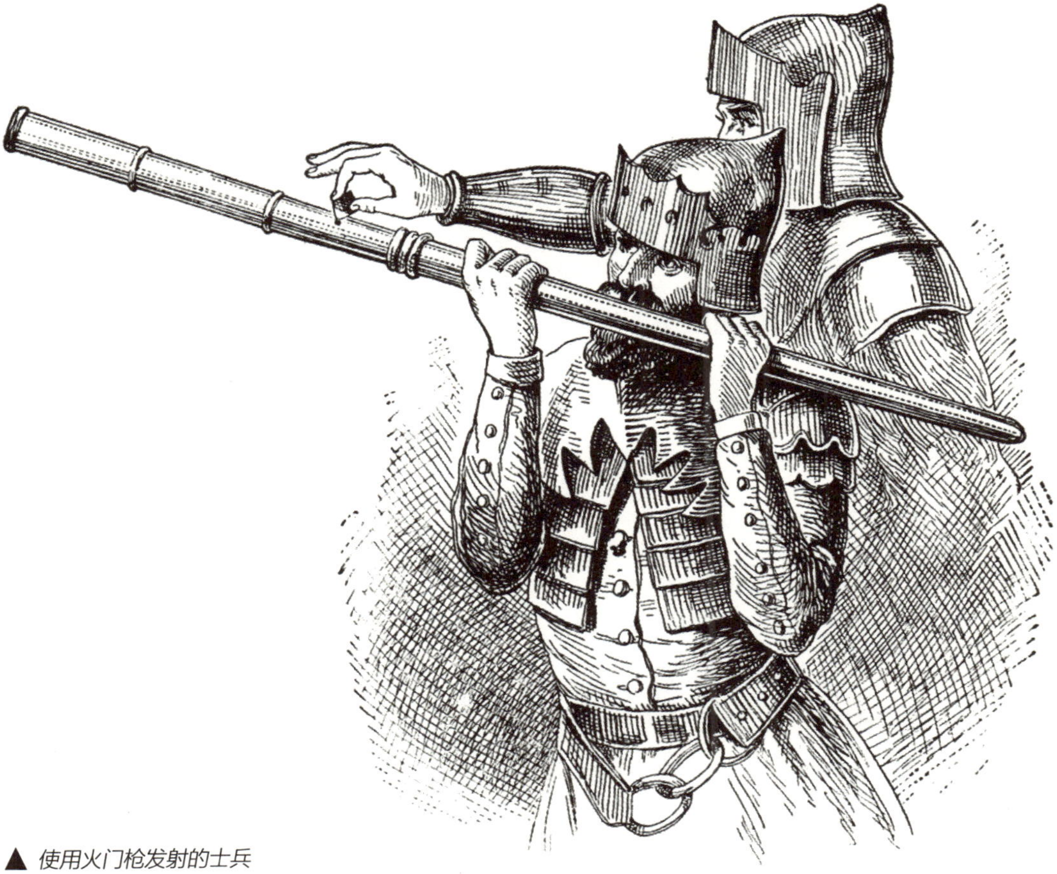

▲ *使用火门枪发射的士兵*

攻城士兵大多要跑到城墙下向守城敌人射击。后来钻孔技术提高后，改进了枪管闭气的问题，火门枪射击精度也随之提高，射程也大大增加。一直到 1411 年左右，随着更先进的火绳枪的出现，火门枪逐渐退出了战场。

▲ *十眼铳*

明代嘉靖年间，我国创制出一种单管10连发手持火铳“十眼铳”。该铳用熟铁打制，重15斤，铳身长5尺，中间1尺为实心，两头各2尺为铳管，每头平均分为5节，内装火药与一枚重1钱5分（约合5.58克）的弹丸，每节有一个火门，节与节之间用一层厚纸隔开。发射时先点燃一头靠近铳口处的火药，射出弹丸，再依次发射其余的4节弹丸，然后调转铳管，将另一头的5节弹丸相继射出。

第六章 | 火绳枪的出现

火门枪的缺陷

自从中国的火药和火器技术传到了欧洲，火器便成为敌对双方在战场上奋力厮杀，并赖以克敌致胜的利器。为数众多的火枪兵一齐开火的场面确实很壮观，但是其弊端却也同样明显。相比快速冲击的骑兵，火枪兵的装填速度太慢、命中精度不高、杀伤威力不大，往往是火枪炙热的枪管还未冷却，敌人就已经冒着烟尘冲锋过来。火枪兵只能扔掉手中的火枪，用冷兵器进行搏斗。这种情况下，火枪对冷兵器的优势和对最终战局的影响很难体现。

火门枪的最大问题在于其点火方式。烧红的铁丝或者木炭不是可以随时获得的东西，一旦遇上恶劣天气，无法点火的火门枪就成了摆设。这成了困扰当时各国军队的难题。对火门枪的改进首先是针对其点火方式，于是火绳枪出现了。

火绳点火

▲ 火绳枪的点火装置

▲ 火绳枪的点火装置

火绳枪的火绳是由经过硝酸钾或其它化学物处理的麻绳制成，能够稳定、缓慢燃烧，其燃烧速度大约每小时 3~5 英寸（76~127 毫米）。火绳枪的枪托部位有一个S形管（蛇形管），火绳就装在S形管里面。管上有一个固定 S 形管的夹钳，相当于近代武器上的击锤。

火绳枪发射时，射手用手指推 S 形管或扳动下端，使燃烧的火绳端与黑火药接触，点燃黑火药，推动弹丸击中目标。火门枪射击时，瞄准和点火的步骤是分开由两个人完成的，即使后来出现了单人使用的火门枪，射手也需要先点火，再瞄准，这大大影响了火枪手瞄准射击的专心度。相比而言，使用火绳枪射击的火枪手，可以一边举枪瞄准，一边推火绳发火，无疑比火门枪要前进了一大步。

帕维亚战役

▲ 帕维亚战役

有关火绳枪的最早可靠记载是在公元 1411 年，但真正使火绳枪一战成名的则是第一次意大利战争期间在西班牙和法国军队之间进行的帕维亚战役（公元 1525 年）。

在此役中，由佩斯卡拉侯爵指挥的神圣罗马帝国军队彻底击败了数量和质量均占优势的法军精锐部队，亲自统帅军队作战的法国国王弗朗西斯一世也重伤被俘。

法军的主力是当时名震欧洲的瑞士雇佣兵，此外还拥有欧洲最好的重骑兵和大量火炮，但却败在西班牙人的手里。扭转战局的关键是西班牙火绳枪兵。他们使用的武器就是后来在整个欧洲享有盛誉的“穆什克特”火绳枪。

“穆什克特”火绳枪

“穆什克特”火绳枪长约1.8 ~ 2米，重约8 ~ 11千克，口径约23毫米，发射铅质弹丸，子弹重约32 ~ 50克，有效射程为100米，最大射程可达到250米，采用机械式瞄准具，每分钟可发射2发。虽然枪很笨重，并且大多时候只能用叉形座

▲ 帕维亚战役中的西班牙方阵

来支撑发射，但子弹威力极大，能在 100 米内击穿骑士所穿的重型胸甲（当时大多数武器在 80 米以外几乎不能造成任何伤害）。在西班牙国王的支持下，西班牙于 16 世纪初建立起欧洲第一支正规的火枪步兵部队，由对火绳枪技战术有独到研究的科尔多瓦将军统率，所有官兵均使用“穆什克特”火绳枪。

科尔多瓦的新战术

科尔多瓦的火绳枪部队采用步兵团的编队体制，每个步兵团辖 3 个纵队，步兵团由火枪兵和长矛兵混编而成，这种混编步兵团又称为“西班牙方阵”。在西班牙方阵中，火枪兵与长矛兵人数大约是 1:3 的比例，后来火枪兵逐渐增多，超过了长矛兵。

为了能够更好地发挥火绳枪的威力，科尔多瓦又发明了一种具有重大意义的新战术——后退装弹战术。科尔多瓦将火绳枪兵编为 40 个横列的战斗编队，火枪手列队完毕后，从第一列开始依次齐射，射击完毕后即沿着排与排之间的空隙，一列接一列地依次退到后排装子弹，这一战术弥

▲ 三十年战争时流行于欧洲各国的大方阵

补了火绳枪发射速度慢的缺陷，从而保证了周而复始、连续不断的火力。帕维亚战役中的西班牙火枪兵正是利用这种战术击败了骁勇善战的法国骑兵，战胜了优势的法国军队，奠定了西班牙称霸欧洲的基础。

帕维亚战役后，看到火绳枪威力的法国等国也纷纷仿效，成立以火绳枪为主要武器的步兵团。火绳枪开始在战场上普及开来。

有关火绳枪的故事

▲ *美国旧金山亚洲艺术博物馆收藏的日本火绳手铳*

关于火绳枪，有以下一些事例值得我们了解。

*公元 1492 年，得到西班牙国王资助的意大利热那亚航海家哥伦布率领三艘帆船远航，希望能够发现通到遥远东方的海上航线，船上带有几十支火绳枪。追随哥伦布脚步的西班牙人正是用这种武器征服了庞大而落后的印加帝国。

*早期的火枪手都要在自己身上携带长达几米的火绳。临战之前，必须先点燃火绳。由于天气潮湿的时候，火绳极难点燃，有经验的火枪手通常会将火绳的两端都点燃以便随时开第二枪。但是，一旦战争旷日持久，火绳很可能就不够用了。英国资产阶级革命战争中，一位叫拉尔夫的爵士就陷入了这种困境。当时他被围困在德维柴斯，由于火绳全部用完，他不得不命令手下的军官“在全城逐家搜寻所有的绳子，全部带回，并尽快锤、煮好”，作为火绳用以救急。

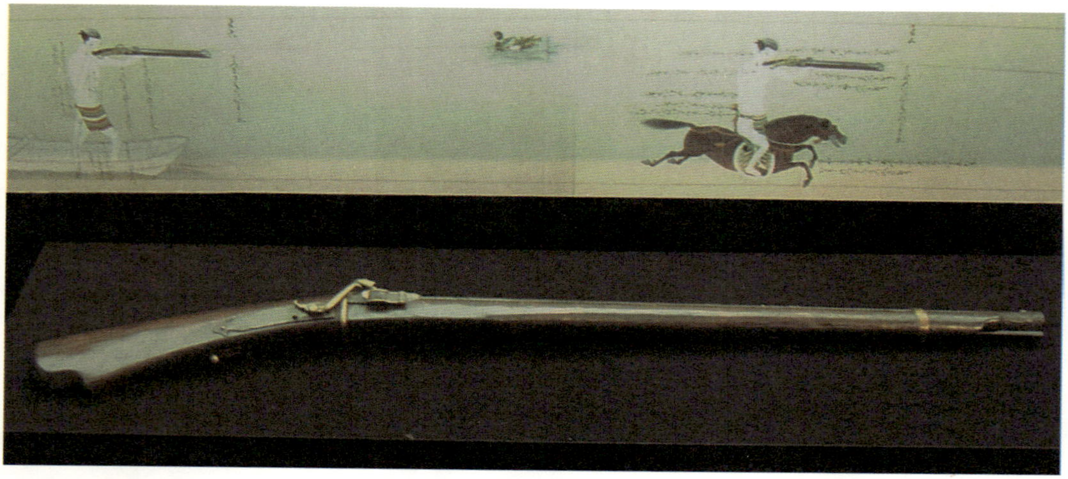

▲ 日本种子岛火绳枪

▲ 日本江户时代（17 世纪早期）的火绳枪

▲ 江户时期的日本火绳枪

*火绳枪兵通常都带有“随从”，当时是列入编制的，叫做“侍童”。侍童的职责是扛枪架和拿火绳，并保证随时听用。遇到雨天，特别是暴雨，又要搬运笨重的枪架，还要保证火绳不被雨水打湿，侍童们非常辛苦。

*火绳点燃时很危险，稍不小心，火星就会点燃射手身上背着的火药袋，引起爆炸，伤及火枪手自己。点燃的火绳在夜间也很容易暴露自己，列队的火绳枪兵从远处看起来就像是一群萤火虫，这样想在夜间偷袭敌人简直不可能。但是有些情况下，燃着的火绳竟也有意想不到的威慑作用。据一个名叫约翰·史密斯的美军上尉（此人曾在欧洲军队当过军官，与土耳其人打过仗）说，有一天夜晚，他领着几个手持点燃的火绳枪的士兵巡逻，把企图偷袭的土耳其人吓跑了。

▲ 日本的火绳手铳

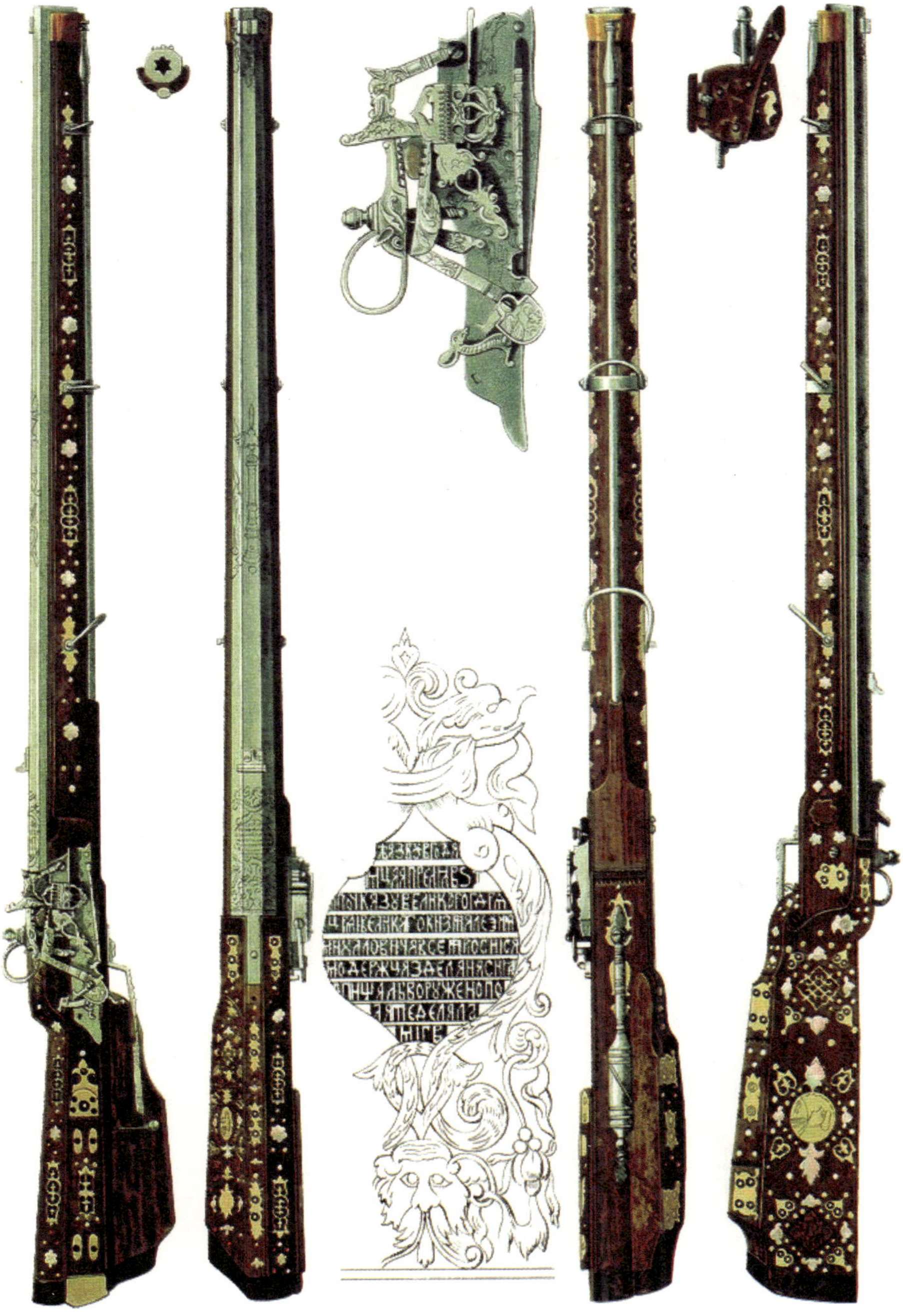

▲ 制造于 1654 年亚历山大一世时期的俄国火绳枪

▲ 夜间射击中的日本火绳枪兵。为了保证射击角度平正，枪上用绳子和腰间相连。

▲ 长篠之战画卷。长篠之战中，日本名将织田信长所部有3000火绳枪兵。

▲ 利用障碍射击的日本火绳枪兵

①

②

③

④

⑥

⑤

① 1608 年的德国火绳枪手

② 西方人所画的清朝火绳枪兵

③ 16 世纪晚期（1589-1590）的
印度火绳枪兵

④ 装备火绳枪的俄国武士

⑤ 欧洲火绳枪兵

⑥ 西班牙火绳枪兵（1520-1540）

▲ 1905 年西方人所画的西藏火绳枪手

▲ 现代非洲马里猎人使用的火绳枪

第七章 火绳枪时代的发明

火绳枪时代是指15世纪初至16世纪末的这两百年间。说火绳枪时代并不是说这个时期内没有其它火器，只有火绳枪，而是说火绳枪是这个时代火器的主流。任何一种新武器的出现都不是突然就来的，它有个演进过程；而武器的消亡则更要经历一段漫长的时间。事实上，在我们所说的火绳枪时代，早期有火门枪以及各种原始火器与之并存，后期则是转轮打火枪和燧发枪与火绳枪并存。这是事物发展的一个必然规律，不仅仅是火器如此，人类社会的种种事物无不如此。

在火绳枪时代，人类制作火器的技术有了很大的进步。由于战争的频发，各国统治者都很重视对火器的改进，能工巧匠们更是竭尽心思提升火枪性能。对后世武器产生重要影响的一些发明开始萌芽。

膛线

膛线的发明称得上是火绳枪时代人们探索火器原理所取得的诸多成果中最重要的一项成果。所谓膛线，就是炮管及枪管内呈现螺旋状凹凸的线，凹下的部分称为阴膛线，凸起的部分称为阳膛线。我们平时所说的枪炮的口径就是一条阳膛线与对面阳膛线之间的距离。膛线的作用是使弹头旋转运动，以保持飞行稳定，提高命中精度，增大射程和杀伤力。

现在已经很难确知膛线是何时何地由何人首先发明的了。据史料记载，在公元1498年奥地利的维也纳城，有一个制枪工匠在枪管内刻制沟槽，这大概可算是关于膛线的最早记载。这个人应该不懂膛线所依据的自旋陀螺效应等外弹道理论，因为他刻制的膛线是直直的两条，其目的也只是为了从膛口装填弹丸方便，但是膛线的发展毕竟从此拉开了序幕。

机械瞄具

早期的火绳枪，不仅没有膛线，连我们现在所熟见的表尺准星也没有，就是一根光溜溜的枪管。由于不能有效瞄准，这个时期的火绳枪的命中精度很低。

到了帕维亚战役时，西班牙火绳枪兵装备的“穆什克特”火绳枪已经使用了机械瞄准具，大大提高了射击精度。究竟机械瞄准具是什么时候出现的呢？应该不晚于 15 世纪中叶。在一份完成于 1460—1480 年之间的德国文献中，火绳枪的枪口部位有一个尖状凸起部，可以推断是“准星”，枪的中部安装有带几个 V 形缺口的圆盘，既是表尺，还兼具火绳点燃黑火药时防护火焰烧手的作用。

后装枪

现代的枪械都是后装枪，火绳枪却是从枪口处装填火药和弹丸的。但是在这一时期，人们已经开始尝试从枪管尾部装填弹丸，但是由于“气封”问题得不到解决，最终只能放弃。

所谓“气封”问题，是指由于制造工艺落后，当时使用的黑火药硝石含量很低，燃烧速度也慢，造成枪管漏气，这就无法赋予弹丸足够的初速，射击威力和射程自然大打折扣。为了形成必要的火药燃气压力，人们就在装药和弹丸之间填入木质或铁质的垫片，但发射漏气的问题仍然没有得到根本解决。一直到了 19 世纪末黄铜弹壳定装枪弹出现，才真正解决了阻碍枪械发展数百年的“气封”难题。

活弹膛

为了解决枪口装填弹药的问题，当时的人们发明出了活弹膛。活弹膛是钢制的，里面装入黑火药、垫片和弹丸，然后插入枪管尾部，这为战场上的士兵提供了快速装填的方法。由于认识到活弹膛可能带来的战术价值，那一时期的欧洲几乎每个国家都非常重视活弹膛的研究。但由于点火的问题无法解决，加上要多带许多很重的钢管，急剧增加了士兵的负重，这个新的发明并没能推广和应用开来，但是它的思路却为后人提供了启发，最终诞生了金属弹壳定装枪弹。

更换枪管

到 16 世纪时，当时的火绳枪已经广泛使用了更换枪管系统。由于铸造工艺落后，枪管的使用寿命都不长，有时甚至还会发生炸膛。这种情况下，为了避免整枪报废，最好的办法就是更换枪管。不仅如此，使用更换枪管系统后，射手还可以根据需要装上不同口径的军用枪管或猎枪管，这就大大增强了战术灵活性。

连珠枪

早期的火绳枪都是单发的，射手打完一发后需要重新装填火药和弹丸，非常麻烦。这时候，有人想到了连珠枪。有的是在枪管尾端加上了一个多弹膛转轮，很像现在的左轮手枪；也有的在同一枪管内分段装填，用很厚的垫片隔开，枪管上钻了多个火门，发射的时候依次用火绳点火发射，但由于垫片的闭气很不可靠，有时候点燃一个，会导致枪管内各段装药在瞬间相继点燃，造成炸膛事故。

多管枪

这一时期，人们还制出了多管火绳枪。当时试验最多的是三管和四管的火绳枪，枪管大多是并列的。战场上出现了多管齐射武器，这就是现代机枪的最初形式。同样由于点火问题不能很好解决，多管火绳枪并没能流行起来。

▲《武备志》记载的明代火器发明家赵士桢发明的迅雷铳，除了五管转膛火绳铳外，还装备了圆盾与小手斧，并以手斧当作支架。

火绳手枪

早期的火绳枪十分笨重，后来随着不断改进，出现了手持发射的火绳枪，即火绳手枪。火绳手枪的出现，给战斗方式带来了巨大变化。披盔戴甲的骑士不再是决定胜负的主要因素，步兵一跃成为“作战主宰力量”。后来，骑士们也配备了火器，又成为了战场上的突击力量，一直“红火”到20世纪初。

▲ 骑士使用的火绳手枪

16世纪中期以前，骑士只把火器作为长矛和剑的辅助兵器加以应用。骑士可以将火器作为进攻武器与步兵作战，很长时间以来，人们并没有意识到。但是德国骑

▲ 1580年制造的德国8发转轮火绳枪

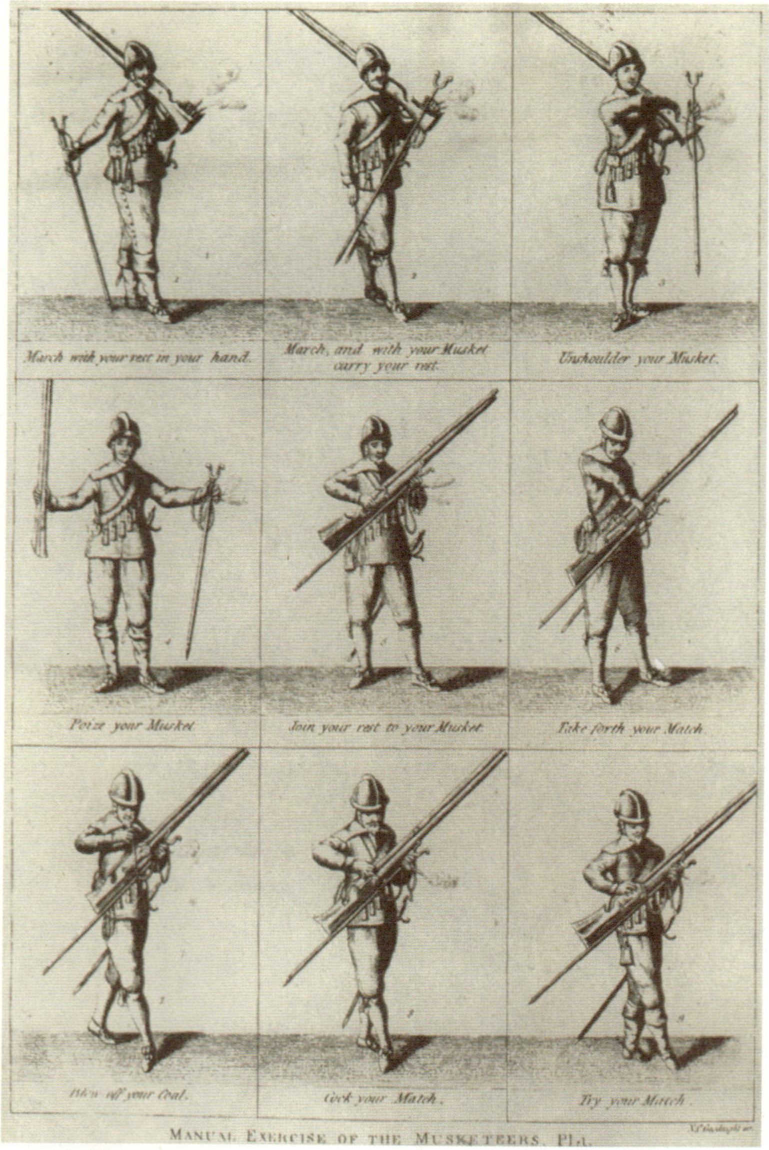

▲ 英国内战时期由克伦威尔领导的新模范军火绳枪兵的射击操作程序

士首次使用手枪作战就取得非凡成功。

公元 1544 年的伦特之战，德国骑兵排成 15~20 横排纵深的骑兵队与法国军队作战，冲到一定距离后，立刻停下来，这一排骑兵用火绳手枪向法军射击，打完一发子弹后，马头向右或向左转，奔跑到阵列后方进行再装填，接着是第二排马队冲锋，第三排继之，等等。这种战术被称作“战马半旋转作战方式”。德国人发明的这一全新战术，法国人很快学会了，而且将之成功地用于战斗中。

新战术的出现，说明人们对火器的战术价值和实战运用的领悟越来越深。渐渐地，骑兵长矛最终被马背手枪所取代。

▲ 2009年，在瑞士日内瓦举行的火绳枪射击表演中，一名射手正准备将枪放于支撑架上

▲ 射手利用支架支撑火绳枪，并进行瞄准

▲ 燃烧的火绳点燃发射药

▲ 火绳枪射击后产生浓烟

▲ 火绳枪齐射战术

▲ 火绳枪齐射战术

第八章 | 西方火器向中国的传播

欧洲的扩张

15 世纪末的欧洲，走过了长达一千年的中世纪“黑暗时期”，随着资本主义萌芽的日益发展，开始进入文化繁荣、经济快速发展的新时代。由于欧洲各国的国内市场狭小，他们迫切需要打开和东方的联系通道，以获取自十字军东征以来就让西方人垂涎三尺的古老东方的无尽财富，这其中就有中国的茶叶和瓷器、印度的香料和象牙等等西方人梦寐以求的东西。但是，古老的“丝绸之路”由于土耳其人在中亚草原的崛起，这时已经基本中断。欧洲人不得不另辟蹊径。

▲ *拜占庭帝国的衰亡和奥斯曼帝国的兴起*

这时，距离中国人发明的指南针传入欧洲已经有两个世纪，凭借指南针的帮助，欧洲人的航海技术有了很大的进步。在指南针传入之前，欧洲人航海只敢沿着海岸线或在距离海岸线不远的海域。指南针的出现彻底改变了这一局面。当时，欧洲航海技术最先进、航海活动最频繁的国家是意大利，后来发现新大陆的哥伦布就是意大利热那亚人。当时的意大利还不是一个统一的国家，而是分裂成很多独立的自治城市。这些城市控制着通过地中海与亚洲土耳其人的贸易。虽然这让意大利人获利颇丰，但是过去的成功也限制了他们的眼光。于是，欧洲的扩张使命就落到了当时的两个南欧小国葡萄牙和西班牙的身上。

▲ 中国汉代的司南

▲ 哥伦布

早在公元 1482 年，葡萄牙国王若昂二世就派舰队到达了非洲的黄金海岸，用枪炮镇压了当地土著的反抗，并建立军事要塞。后来，葡萄牙人又陆续抵达安哥拉海岸和好望角。公元 1497 年，航海家达·伽马在葡萄牙国王的授意下，率领 170 人的舰队绕过好望角，到达东非和印度西海岸进行掠夺。印度人进行了抵抗，但在葡萄牙人的火绳枪和佛郎机的轰击下溃不成军。最终，葡萄牙人满载着从印度掠夺的香料、宝石和象牙等贵重物品返回葡萄牙，其所获利润竟相当于航海费用的 60 倍。在巨额利润的刺激下，葡萄牙人沿着新航路一路东侵，又陆续到达东南亚诸国，并在沿海地区建立要塞和商站，牢牢控制了“香料之国”。葡萄牙也因此从欧洲边陲的一个蕞尔小国一跃成为欧洲最为富强的国家。

几乎与葡萄牙人同时，西班牙人也开始了海上冒险。公元 1492，在哥伦布的带领下，由西班牙国王资助的三艘船共计 90

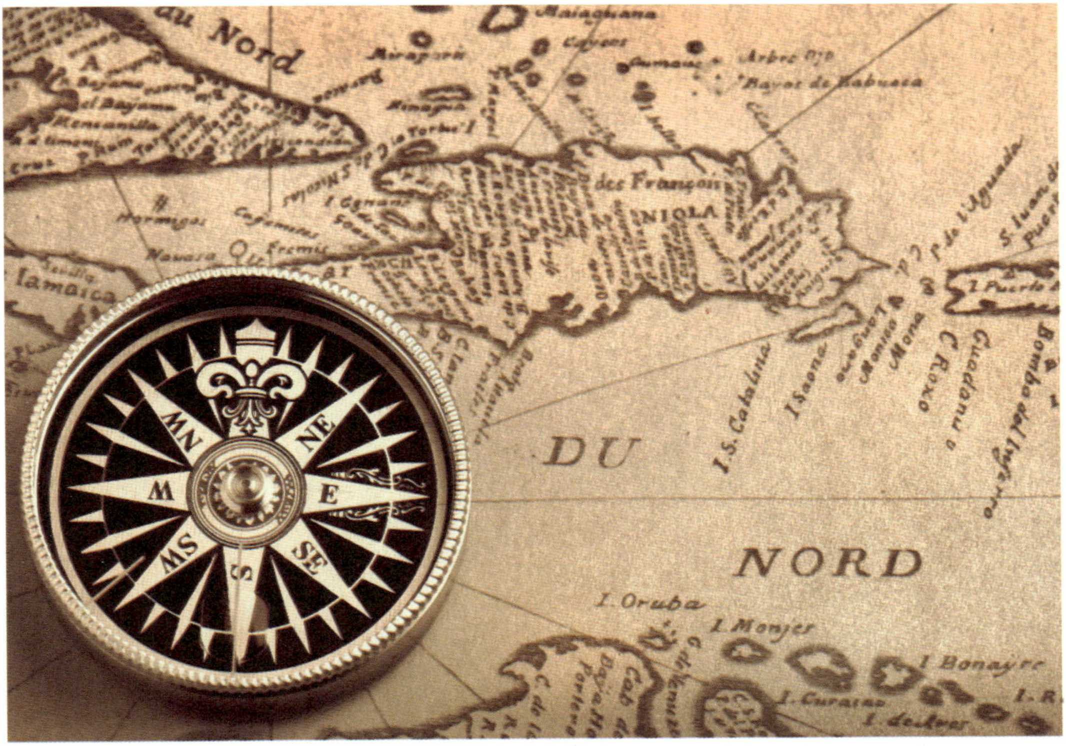

▲ *大航海时代的欧洲指南针*

名水手开始了海上航行。其结果就是我们所熟知的美洲新大陆的发现。从此，欧洲开始了伟大的航海时代。

在葡萄牙和西班牙获得成功的刺激下，欧洲各国都跃跃欲试。凭借先进的火器，欧洲人对落后地区进行了无情的征服。他们本来是希望通过贸易来获得财富，但是既然对方如此弱小，再高利润的贸易也没有直接掠夺来得方便。正是凭借在海外掠夺来的无数财富，西方开始进入资本主义快速发展的阶段，这反过来又加强了西方的优势。直到400多年后，因为欧洲各国的内战（两次世界大战）和各殖民地人民的觉醒，西方国家才不情愿地退出其殖民地，转而谋求从背后影响，继续维持在新的世界格局中西方的优势。

▲ 哥伦布乘坐的“圣玛利亚”号（复制品）

西方火器的传入

葡萄牙人占领马六甲后，获悉了有关中国的消息。由于相隔遥远，虽然有“丝绸之路”相联，中国和欧洲直接打交道的机会非常少。从古罗马时代开始，欧洲人就知道遥远的东方有一个无比富裕、神秘的国度，那就是中国。马可·波罗写的那本著名的行记在欧洲人心里激起了无限的向往。正是对到遥远东方获取财富的憧憬激励着欧洲人开始了大航海时代。

公元 1509 年，葡萄牙人石克拉率领一支由 6 艘军舰组成的舰队开赴马六甲。出发前，葡萄牙国王命令他搜集有关中国的情况。石克拉回国复命后，葡萄牙人经过认真研究，决定对中国这样一个强大的国家，不能采取强硬政策，只能用派使臣向明朝朝廷进贡的方式，和平商谈贸易往来事宜。

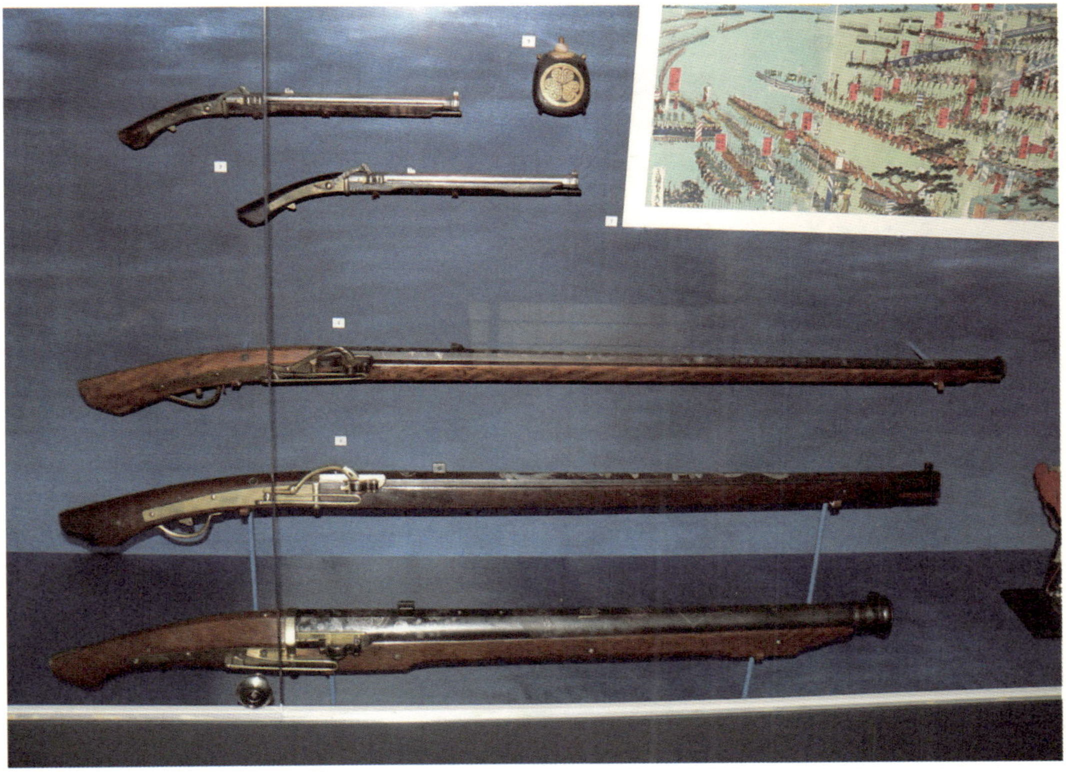

▲ 日本江户时期的火绳枪

公元 1517 年，葡萄牙使臣率领两艘军舰到达广州城外的珠江水域，商洽进贡事宜，后来又被带至北京专门招待外国使臣的会馆等待觐见中国皇帝，却据说因为态度不恭，而被驱逐出境。后来，葡萄牙又先后三次派使臣与明朝官员接触，均没有结果。于是，公元 1522 年，葡萄牙派出 5 艘舰船到珠江口外锚泊，试图以武力压迫明廷同意其占驻屯门岛，但遭到广州地方官员的拒绝。葡萄牙人悍然发炮轰击明朝水师，明军予以反击，于是爆发了“西草湾之战”。战斗的结果是明军胜利，生擒葡萄牙人 42 人，斩首 35 人，缴获两艘葡萄牙军舰。剩下的 3 艘葡萄牙军舰不敢再战，只得返回马六甲。

明军缴获的葡萄牙军舰上有 20 门舰炮和一些初期的火绳枪。由于葡军舰炮的性能大大优于明军装备的火铳，明朝的兵仗局和军器局立刻加以仿制和改进，称为“佛郎机”。这是西方火器传入中国之始。

对火绳枪的仿制则始于 1548 年。当时明军在浙江的双屿击败了侵扰中国沿海的倭寇，缴获了日本的种子岛火绳枪。这种

▲ *使用火绳枪的倭寇*

火绳枪改进自葡萄牙人的火绳枪，性能要好于明军装备的火铳。明朝兵仗局对其进行了仿制和改进，称之为“鸟铳”，后来成为明军装备的主要单兵射击武器。关于“鸟铳”名字的由来，据说是因为这种枪可以击中天上的飞鸟，这在当时是非常难得的。

▲ 身着蒙古服装的马可·波罗

为什么落后？

看到这里，很多人会问，为什么中国人发明了火药和火器，并且在火器发展的前期，一直领先于世界各国，但是到了明代后期却开始落后于西方呢？

原因是多方面的。固然和明代中后期统治者奉行闭关锁国的政策，思想保守分不开，另一方面也要看到国家政治结构造成的影响。明朝是个大一统的帝国，火药和火器的制造由国家设立的专门机构负责，民间是不允许私造的。制造火器的方法掌握在专门机构的手里，国家重视还好说，国家不重视就发展停滞。明朝建立之初，各种火器得到了长足发展，尤其是在永乐年间，由于明成祖朱棣致力于拓疆固边，对于火器的发展非常重视，火铳无论是品种、数量还是质量均有了很大的提高。但是朱棣之后一直到嘉靖年间，火铳进入了一个缓慢发展期，尽管有所改进和提高，但是程度非常有限。而反观西方，小国林立，战争频繁，这就刺激各国都在争先恐后地发展火器，民间的火器制造尤其活跃。一个新的发明出来以后马上被应用到军事上去，取得成果，于是各国竞相模仿，又推动了新的发明出现。欧洲的火器技术也就在这种氛围中不断进步，加上文艺复兴后西方基础学科研究的持续深入，欧洲的火器开始将火器的发源地——中国远远地甩在身后。没有深厚的基础学科研究作支撑，缺乏创新机制的中国火器制造便只能是对西方的简单模仿，最终被越甩越远。

明清的火器

明代嘉靖之后，中国的火器制造出现了一个高峰。从仿制葡萄牙人的佛郎机和种子岛火绳枪开始，中国的火器研制家们进行了不断的创新，取得了一些成果，很多发明甚至还要领先于当时的欧洲。在众多火器研制者中，其中最著名的要数明朝万历年间的火器研制家赵士桢。赵士桢曾仿制成功噜密铳（土耳其火绳枪），后又研制成掣电铳、三长铳、双叠铳、迅雷铳等单管和多管火绳枪 10 余种，其他火器及战车 10 多种，并以多种文体撰写《神器谱》等研制火器的论著多部。他多次上书朝廷，请求重视火器的研究和装备，但没有得到应有的重视。

16 世纪末至 17 世纪初，东北建州女真开始崛起。公元 1616 年，女真首领努尔哈赤建立后金国，并率军攻打明朝。在明朝与后金的历次战争中，明军的火器给后金军造成了严重的威胁，尤其是得自葡萄牙人的“红夷大炮”更是数次重创后金军，努尔哈赤也命丧于明军的红夷大炮。但是由于明朝的极度腐败和军队重要将领的叛变投敌，最终明军和后金军两军之间的火器优势发生了逆转。本就仰仗弓马之利的满清军队再得到中原先进的火炮技术，如虎添翼，一路攻城掠地，最终夺得天下。在此过程中，火炮居功至伟。因此，在清

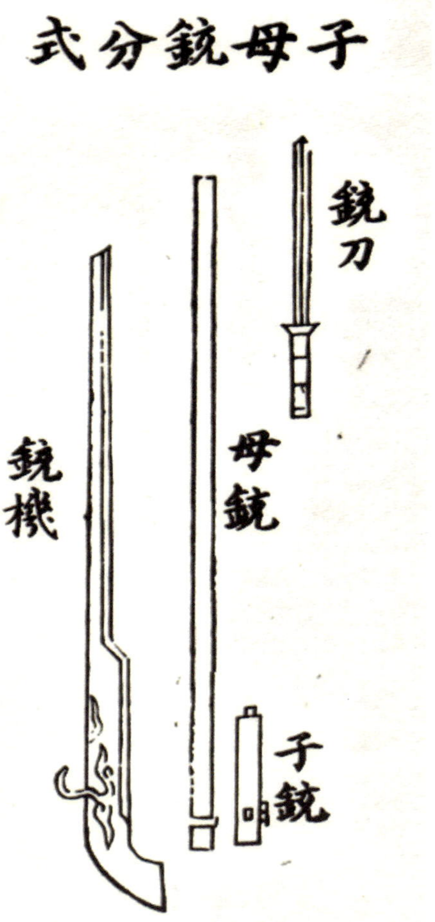

▲ *明军装备的火绳枪示意图*

朝前期，一直到乾隆朝，由于战事的需要，满清统治者还是比较重视火器的发展的。后来则每况愈下，到了 1840 年第一次鸦片战争的时候，面对英法联军的先进火器，

▲ *肩挎火绳枪的清军骑兵*

清军的装备远远落后，火枪的寿命一般都在六七十年左右，有的士兵使用的竟然是166年前康熙时造的火枪。战争的结果可想而知。

对外战争的惨败打碎了“天朝上国”的迷梦，从“中学为体，西学为用”到“师夷长技以制夷”再到洋务运动，中国的火器发展走过了一个漫长、曲折的过程。认识到落后的中国人开始急赶直追，从此开启了中国的近代火器发展史。

第九章 火枪和长弓之争

弓箭的发明是人类技术的一大进步，说明人们已经懂得利用机械存储起来的能量。顾名思义，弓箭是由弓和箭组成。弓是由弹性的弓臂和有韧性的弓弦构成；箭则分为三个部分，包括箭头、箭杆和箭羽。箭头为铜或铁制成，箭杆为竹或木质，箭羽则使用雕或鹰的羽毛。

弓箭的出现是很久以前的事情了。最初的弓主要用于狩猎，后来才发展成为战争武器。据记载，公元前 2800 年，巴比伦的阿卡德人侵略苏默人时曾使用过弓箭。到了公元前 1500 年，弓箭才成为主要武器。威力最大的弓有效射程达 300-400 米，最大射程还可以再增加一倍，基本接近现代步枪的射程。一个受过良好训练的弓箭手每分钟可以射出 5 支箭，这种箭通常装上 0.8 英寸直径的钢箭头，可以射穿厚重的锁子甲。在一份公元 1182 年的文献中，记载了此类箭可穿入橡木门达 4 英寸深。一直到 16 世纪末，欧洲许多国家的军队还装备弓箭。

▲ 中世纪欧洲弓箭使用的箭头

火器出现以后，在很长一段时间内，火器和弓箭是并行发展的。应该看到，尽管火器发展到火绳枪的时代，其杀伤威力和作战效能已经有了长足的进步，但是弊端也同样突出。以火绳枪为例。尽管经过帕维亚一役已经在战场上崭露头角，表现让人刮目相看，但其威力主要体现在集火射击时。作为一种单兵武器，其射程、射速、精度和杀伤力都不尽人意，还不如同时代的弓箭。最致命的问题恐怕是火绳枪的可靠性。不仅遇上下雨天不能使用，就是大风天气也不能使用，因为风会把火门上的传火药吹走，而且由于当时使用的是黑火药，射击时产生的浓浓烟雾会严重遮掩己方军队的视线。

▲英格兰长弓手

相比而言，弓箭则根本不存在这样的问题。我们以明军与努尔哈赤率领的后金八旗的萨尔浒之战为例。在萨尔浒之战中，尽管明军拥有军队数量和火器的优势，但由于当时连日雨雪，开战前又天降大雾，咫尺之外，难分敌我。明军点燃松枝当火炬，以用作点燃火绳的火源，却也把自己完全暴露在敌军面前。后金军利用明军的火光，箭无虚发。明军虽有火炬易于点燃火绳，但处于明处，难寻目标，非但未能伤敌，自己反吃大亏。加之黑火药惧潮湿，雨雪中使用不便。萨尔浒之战正好在雨后初晴，湿度最大时，不用火烤干，便无法射击。装备精锐火器的明军最终完败于后金的弓箭之下。

还可以再来看个例子。有人曾经对早期的火枪和弓箭的杀伤力进行过实际比对，结果显示，无论是16世纪的火绳枪还是17世纪的滑膛枪，还是普通弓箭和十字弓，它们的杀伤力都比不上长弓的杀伤力。直到18世纪燧发枪诞生后，火枪的杀伤力才赶得上长弓的杀伤力。即使这样，公元1792年，在英国的坎伯兰帕克屯草场上进行了一次长弓和火枪的比试，结果长弓大胜火枪。在100码（91.4米）的距离上，发箭20支，中靶16支；枪发弹20发，仅中12发。

也正因为此，当时的很多统治者对火器的态度都很摇摆不定。英王亨利八世就是一个例子。公元 1537 年，他颁布发法令，规定任何武器（弓、弩、火器）都可以使用。几乎在同一年，他又下令不准用火器，使用弩也是违法的。而伊丽莎白女王在位期间（公元 1558—1603 年），一位作战经验十分丰富的将军约翰·史密斯爵士则干脆认为火器没用，他是这么说的："我从来不认为这是我拿生命来冒险，如果我有经过挑选的 8000 名弓箭手并能得到充分供应，可以和 20000 名最好的火绳枪兵和火枪兵对阵。"

但是，在公元 1595 年，关于军队到底是使用火枪为标准武器还是依然使用长弓作为标准武器的激烈辩论在英国议会展开了。辩论的结果是，英国议会通过了《终止长弓法令》，要求"在未来征召的军队当中，长弓不再被认为是一件合格的武器。

▲ 攻城作战中的英格兰长弓手

▲ *萨尔浒之战*

这个标注适用于任何地区的任何人。所有射击部队都必需装备火绳枪或者滑膛枪。”这是人类战争史上一个关键的时刻，它标志着冷兵器时代的结束和热兵器时代的开始。

从此，欧洲的火器发展开始进入了繁荣时期，各种新发明和新技术层出不穷，也逐渐拉大了和世界其它地区的差距。而远在东方的满清王朝，沉醉于天朝上国的美梦中，死抱着其以弓马取天下的历史不

▲ 克雷西之战中冲锋的法国骑士

▲ 克雷西之战中的英格兰长弓手

放，对新发明、新思想抱着不闻不管，甚至故意压制的态度，最终在 200 年后的鸦片战争中被以新式火器武装的西方军队打得一败涂地，也开启了近代中国百年的屈辱历程。

我们回顾这段历史，既叹息于满清统治者的愚蠢无知，也惊讶于英国人的远见卓识。实事求是地说，当时的火器还很初级，问题多多，但是就算有再多缺陷，它的威力也是冷兵器所无法比拟的。弓箭作为人类最早的远程兵器，经过几千年的发展，已经达到了它的性能极致。火器作为一个新生儿，代表了一种可能性，而这种可能性是可以无限发展的。关于火枪和长弓之争，可能当时的英国人心中还是存有一些疑惑，但仅仅再过 100 年，答案就人尽皆知了。

▲ *1568 年海利赫莱战役中使用的火枪和火炮*

弓按照尺寸可以分为长弓、短弓，按照用途可以分为马弓、步弓，按照制作材料则又可以分为单体弓和复合弓等等。在所有非复合弓中，英格兰长弓最具杀伤力，是冷兵器时代最厉害的弓之一。

公元 1346 年的克雷西战役中，英军弓箭手使用英格兰长弓射穿了身披重甲的法国骑士，一战成名。后来，英王爱德华四世颁旨要求每个英国人必须备有用紫衫木、榆木或榛木做的弓，弓长应与身高相等，箭长等于臂长或弓长之半。亨利七世时则严禁用长弓以外的其他类型的弓。因此，英国对作为制弓背材料的紫衫木的需要量很大。由于英国人认为意大利的紫衫木质量最好，于是在和意大利签订的贸易协定中就规定:“凡进口一桶意大利葡萄酒要随带一个紫衫木树干。”

第十章 簧轮枪的出现

火绳枪发明后，逐渐推广开来。人们在使用过程中，发现火绳枪有很多不便之处，其中最为诟病的就数用火绳点火的发火方式了。天气晴好时还没什么，遇上大风大雨天气，火绳枪就成了烧火棍。为了克服火绳点火的缺点，人们想了很多办法，大约在十六世纪初，簧轮枪出现了。

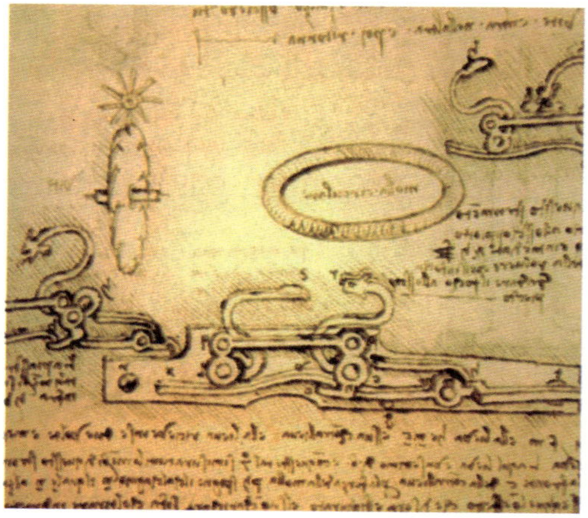

▲ 达·芬奇所画的簧轮枪打火装置手稿

簧轮枪，又叫转轮打火枪，是用燧石打火引燃的前装枪。其零件主要有：带锯齿的钢轮、链条、弹簧和击锤等，击锤头

▲ 簧轮手枪

上有一燧石（即打火石），靠钢轮表面的细齿与燧石摩擦而发火点燃火药。射手射击前，需用小扳手卷链条，在卷链条的过程中将弹簧压缩，弹簧张开带动钢轮旋转，整个过程就像闹钟的发条。簧轮枪也是因此得名。

▲ 簧轮枪打火装置

关于簧轮枪的发明者，有很多说法。有人认为是德国钟表匠约翰·基弗斯发明了这种枪，也有人说是意大利科学家和画家达·芬奇发明了转轮式发火装置，更有

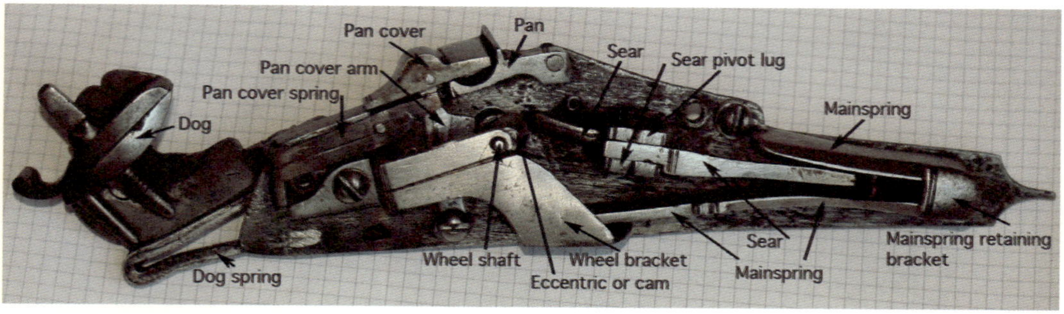

▲ 簧轮枪击发打火装置的外部（1580年）　　＊ 图片出自美国历史学会网站

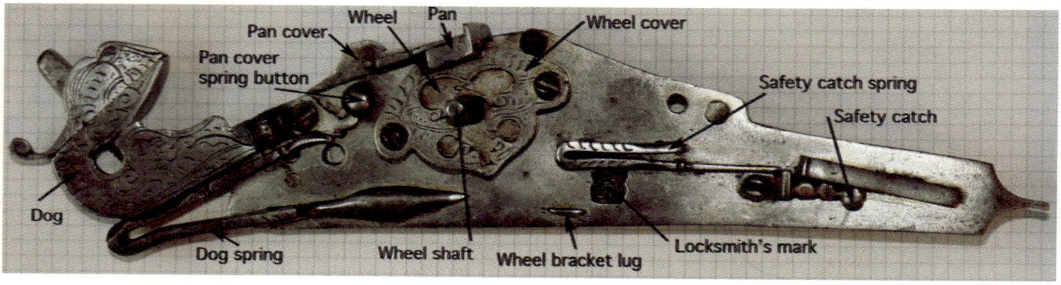

▲ 簧轮枪击发打火装置的内部（1580年）　　＊ 图片出自美国历史学会网站

枪械史专家考证说这种枪的发明者是一个荷兰偷鸡贼。据说这个偷鸡贼经常在夜间去偷别人家的鸡，他偷鸡时使用的主要工具就是火绳枪。但是，火绳枪在夜间很容易暴露目标，于是，他开动脑筋，发明了这种较为隐蔽的转轮打火枪。

一般认为，是德国钟表匠约翰·基弗斯发明了转轮打火枪。出身于16世纪初的基弗斯在钟表界颇有名气，他不仅能造出各种造型别致的精美手表，对各种枪械也有浓厚的兴趣，并亲手制作过不少精美的火绳枪。一天，基弗斯家中来了个客人，客人在抽烟点火时，用的不是当时流行的火柴，而是用古老的燧石摩擦点火方式，燧石闪亮的火花瞬间点燃了基弗斯的灵感。他把钟表上那带锯齿的旋转钢轮与能够产生火花的燧石相结合，凭着他的经验和智慧，于公元1515年研制成功了世界上第一支转轮打火枪。

基弗斯发明成功的转轮打火枪引起了德国军方的关注，很快，这种枪便开始装备德国骑兵和步兵。1544年，德国与法国在伦特交战。当时德国骑兵装备了转轮打火枪，法国军队仍装备火绳枪。战斗进行中，

▲ 簧轮枪局部

▲ 精心雕琢的手柄

▲ 装饰精美的簧轮手枪

▲ 可抵肩射击的簧轮枪

突然风雨大作，装备火绳枪的法军几乎没能打出一枪一弹，而以转轮打火枪为主要武器的德军骑兵则越战越勇，将法军士兵打得落花流水。不久，屡遭败绩的法国国王也雇用了相当数量的同类骑兵，这些骑兵也配备了转轮打火枪。这样，转轮打火枪慢慢成为骑兵的主要武器。

由于转轮打火手枪不必使用点燃的火种点火发射，并且具有多种保险装置，因此一支装弹待发的转轮打火手枪可以安全地藏在身上，并且可以随时发射。当时还出现了一种可以暗藏在衣袖中、固定在手臂上发射的袖筒转轮打火枪，这可能是早期最实用的特工专用枪之一，因此当时欧

▲ 簧轮手枪

洲的一些国家明令禁止平民携带和使用转轮打火枪，以防行刺王室贵族。公元 1523 年，意大利颁布的城市法规宣称，在没有官方授权的情况下，任何人都不得使用转轮打火枪，违者将当众被砍下一只手。这些禁令制约了转轮打火枪的发展。另一方面，因为转轮打火枪结构复杂、价格昂贵，维护和修理都需要专业人士承担，所以只能成为贵族显示权力和财富的象征，由此也给枪械制造和雕刻的能工巧匠们提供了展示才华的舞台，为后人留下很多令人叹为观止的艺术珍品。各种不同艺术风格和装饰手法几乎都能在转轮打火枪上看到，如象牙制作的枪托和精美的雕刻，镶嵌着

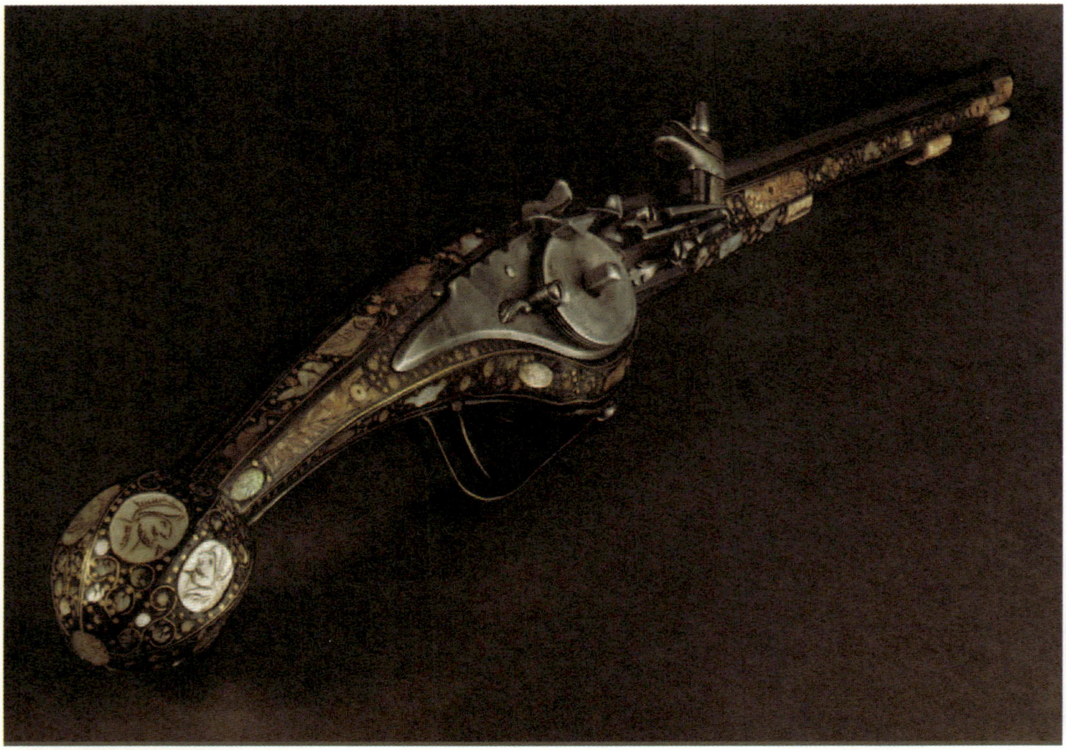

▲ 装饰精美的簧轮手枪

漂亮的装饰物，金属部件雕刻浮雕并且镀金包银等等，转轮打火枪也因此被称作古典枪中的贵族。

为了提高射速，有的转轮打火手枪还采用了多管型式，但是由于转轮打火机的体积和质量都较大，所以一般采用双管。还有的转轮打火手枪采用连珠发射式，不过因为上述同样的原因，一般只采用二连珠或三连珠。由于连珠枪装填弹药比较费时，而且节与节之间密闭不严时会造成窜火炸膛事故，所以没有得到广泛应用。

由于以上种种原因，转轮打火手枪注定无法完全取代火绳枪，只使用了 50 余年时间，就被后起的燧发枪取代了，但是作为燧发枪的奠基者，它在枪械史上占有应有的地位。

▲ 簧轮枪上的装饰图案

▲ 精心雕琢的手柄

第十一章 燧发枪的发明

簧轮枪结构复杂、造价昂贵、使用麻烦，而且一旦钢轮被污染就不能可靠发火，于是，人们又开始研制新的点火方式。

不久，西班牙人发明了燧发枪。他们取掉了那个源于钟表的带发条钢轮，而是在击锤的钳口上夹一块燧石， 再在传火孔边固定上一个击砧，需要射击时，就扣引扳机，在弹簧的作用下，将燧石重重地打在火门边上，冒出火星，引燃点火药，这种击发机构称之为撞击式燧发机，装有撞击式隧发机构的枪械称为撞击式燧发枪。撞击式燧发枪大大简化了射击过程，提高了发火率和射击精度，使用方便，而且成

▲ 瑞士博物馆收藏的几种燧发枪

本较低，便于大量生产。尽管有着种种优点，但是，这种新式枪械并没有被各军事强国立即采用。

后来，出生于枪炮工匠、锁匠和钟表匠家庭的法国人马汉又对燧发枪进行了重大改进，研制成功了可靠、完善的燧发打火机构和保险机构。他制造的燧发枪成为当时性能最好的枪，为法国人在欧洲赢得了声誉。1598年，法王亨利四世召见马汉，他惊奇地发现，这个燧发枪的发明者，不但会发明枪械，在绘画和雕刻领域，也是一个不可多得的天才，于是委任马汉作为他的“宫廷贴身侍从”，专门为宫廷制造枪械。

可是燧发枪的命运并没有从此一帆风顺。1610年，亨利四世遇刺。随着亨利四世的去世，燧发枪装备部队的进程停滞了。许多法国将领反对装备燧发枪，理由是:“燧石冒出的火星不足以点燃黑火药。”1653年，法王路易十四颁布法令，严禁使用燧发枪，违令者立即送断头台。同年，路易十四还下令，命枪械工匠速速造出一种“燧发火绳二合一枪”。

英国正式采用燧发枪是在1690年，因其优异的性能赢得了英军士兵的喜爱，一直装备到19世纪40年代。鸦片战争时，当时的英国侵略军中还大量装备着燧发枪。令人奇怪的是，一向以尚武闻名的普鲁士军队，却直到1808年才装备燧发枪。

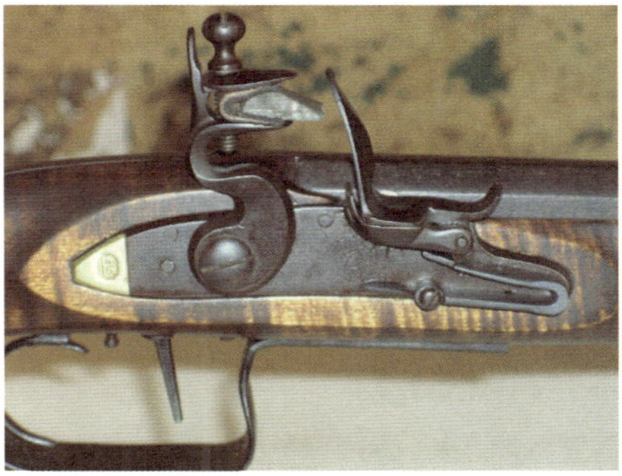

▲ 燧发枪击发点火装置

▲ 燧发枪击发点火装置

早期燧发枪的口径平均值为0.54英寸（13.7毫米），相比火绳枪的口径大大减小。口径减小了，原来重达0.5盎司（15.6克）的弹丸也相应减轻，在同样负重的情况下，士兵们可以携带更多的弹丸。过去装填弹丸时，弹丸放进膛口后，需要用木榔头敲打送弹棍，推弹丸入内。北美宾夕法尼亚州的枪械工人创造了一种装弹法，即使用浸沾油脂的亚麻布或鹿皮片包着弹丸，装入膛内，这样就减少了摩擦，比较容易推进去。这种方法不仅加快了装填速度，还能起到闭气作用，这是始料未及的。由于闭气好，射击精度随之提高，射程也更远了。

由于性能可靠，燧发枪装备军队后，一直用到 1848 年。从 1550 年第一支燧发枪出现开始算起，前后大约装备了 300 年。其装备期之长，真可算得上是空前绝后了。

▲ 16 世纪时的土耳其燧发枪击发点火装置

▲ 射击中的燧发枪

▲ 1820 年时的燧发枪击发点火装置

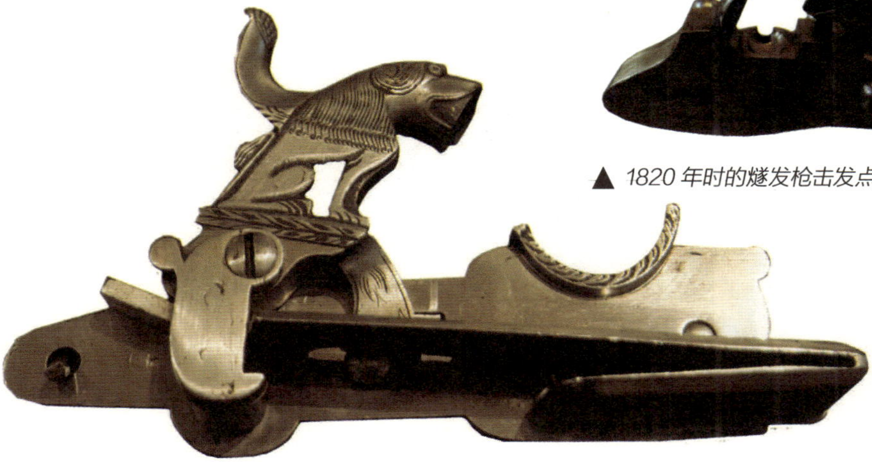

▲ 西班牙燧发枪的击发点火装置

我国古代的燧发枪，又叫“自生火铳”，出现于1635年，发明者是明代火器研究家毕懋康。它的构造和性能与以前的“鸟铳”相比并没有太大差异，主要是改进了发火装置。

自生火铳的出现，将我国沿用了一百多年的火绳点火法，改进为燧石发火。这是我国火器史上的一大革新。因为使用火绳点火，有很多缺点，遇到风雨的天气，火门里的火药不是被风吹走，就是被雨打湿，以致不能发射；有时还没有瞄准好，就过早地误放了。毕懋康记载的撞击式燧发枪，射手只需扣扳机将龙头下压，因弹簧的作用就会与火石磨擦发火。这样，不但克服了风雨对射击造成的困难，而且不需用手按龙头，使瞄准更为准确，随时都可发射。燧发枪配有火石自动打火装置，不怕风雨且不需事先将火绳点燃，发射速度与精确度均大为提升，在中国火器史上是一项具有重大意义的变革。遗憾的是，这项发明并没有受到应有的重视，最终湮没在历史之中。

▲ 欧洲工匠为塞林加巴丹（今巴基斯坦境内）的提普苏丹制造的燧发枪（1793-1794）

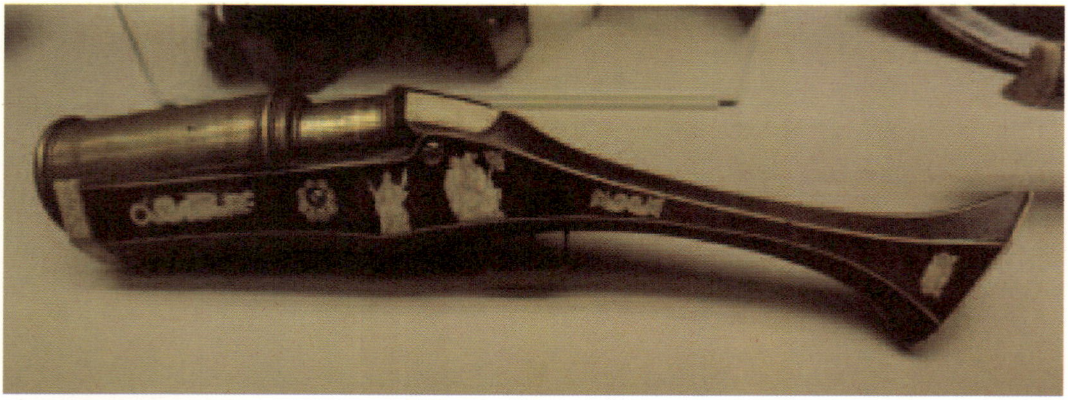

▲ 大英博物馆收藏的制造于 1590 年的手炮

▲ 16 世纪到 18 世纪之间德国制造的手炮

▲ 不同型号的燧发枪

▲ 用于装火药的瓶子，上面精心雕琢着亚当和夏娃的故事，并镀有金银，应该是属于某位贵族所有。

▲ 17 世纪时燧发枪所使用的燧石

▲ 17 世纪末，镶嵌金银的意大利帕提亚燧发枪的击发点火装置

◀ 燧发枪的击发点火过程

第十二章 | 手枪的诞生

▲ 拿破仑时期法国军官使用的燧发手枪

早在元代火铳发明之初，就有了手铳和碗口铳、盏口铳的区分。所谓“手铳”，就是手持击发的火铳，可以算是手枪的雏形了。

火药和火器西传后，由于攻克坚固城防的需要，很长一段时间人们致力于发展大口径、大威力的火炮。如公元 1453 年土耳其国王穆罕默德二世在率领大军围攻拜占庭帝国首都君士坦丁堡时，曾夸口他拥有一门青铜铸造的大炮，炮身长 17 英尺（5.2 米），可以发射半吨重的弹丸，射程可以达到 1 英里（约 1600 米）。这就是现存于伦敦古堡的著名的“达达尼尔大炮”。

在当时，这类大炮很是称霸了一段时期。入侵者只要将它架设在城堡外围，不用发射一颗炮弹，守城的部队立刻投降，乖乖臣服。但是在野战的时候，问题就出来了。尽管威力惊人，由于机动性很差，要移动一下也非常困难，军队只要转移到它的射程之外，大炮便无能为力了。如果

▲ 法国大革命时期（1790—1795 年）使用的燧发手枪

迂回到它的后面或侧面，发动近距离突袭，大炮就完全成了一堆废铜烂铁。

为了更好地发挥火器的作用，势必要减小体积，提高机动能力，于是发明了手炮（我国称为手铳）。手炮的特点是可以单人携带、装填和发射。在欧洲，手炮在14 世纪的时候就已经出现了。1849 年，在德国塔恩堡附近发掘出的一支手炮，口径为0.7 英寸（约 18 毫米），炮管长 12 英寸（305 毫米），相比后世的手枪，这算是大块头了，但和火炮相比，手炮要轻巧得多，但当时的手炮的工艺粗糙，操作不便，当然也很难打准。

▲ 短管燧发枪

▲ 燧发多管手枪

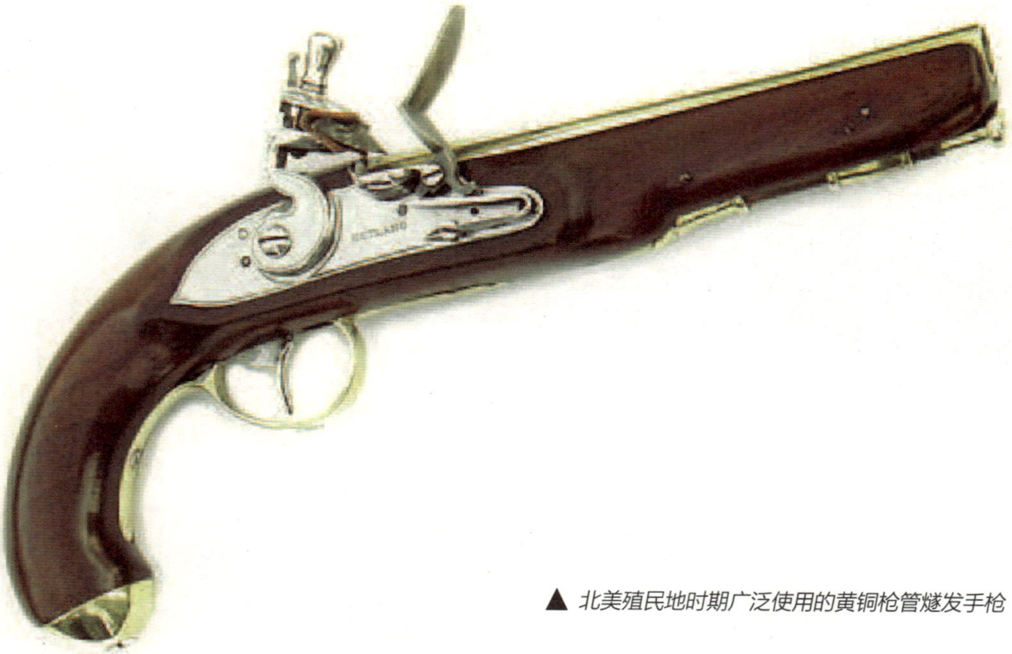

▲ 北美殖民地时期广泛使用的黄铜枪管燧发手枪

相比现在扣扳机就能轻松发射的手枪来说，发射手炮可就没那么容易了。早期的火门点火发射的手炮，射手首先要把黑火药从膛口装进去，然后填入弹丸，再把点火药装入火门内。火炮木托用胳膊夹住或置于地上，左手托炮管并保证火门朝上。点火具是一块木炭或烧红的金属棒，为了确保点火成功，射手常常要把点火棒插入炭火盒里烧一会或重新夹一块烧红的木炭。发射的时候，射手需要注视目标，左手转动炮身瞄准，因此右手只好摸着点火。当时的士兵真是恨不得再多长出一只手来才好！

后来蛇形火绳发明了，大大方便了点火。有了火绳后，射手再也不用摸着点火了，可以腾出时间进行概略瞄准，手炮的射速提高不少。后来又发明了火绳扳机，增加了扳机护圈，身管内开始刻制膛线，于是火绳手炮的形式开始完备，有了现代手枪的雏形。但是火绳手炮在夜间容易暴露，天气不佳时也没法使用，对于骑兵来说使用还要更麻烦，但是火绳手炮还是得到了各国军队的推广。毕竟，训练一名火绳炮手比训练一名弓箭手要容易得多。

后来又发明了比手炮轻便得多的武器，人们称之为“手枪”。16 世纪初欧洲最流行的手枪是转轮打火手枪，但却遭到了神圣罗马帝国皇帝马克西米利安一世的明令禁止，理由是这种枪藏在衣服下面，不易被人察觉，不利于社会治安稳定。军队认识到了这种新式武器的潜力，骑兵们尤其钟爱它。

▲ 1800 年左右的高加索燧发手枪

但是手枪真正成为步兵和骑兵们手里的武器，则是在 16 世纪中期燧发机发明以后的事情。据史料记载，燧发手枪的发明人是我们上文提到过的法国人马汉，他一生制造了不少武器，其中最出名的是燧发手枪、一种石弓和一种气动步枪。1610 年亨利四世去世后，马汉继续留在宫内侍奉新皇路易八世。他为路易八世造了一支燧发手枪，枪号是 152 #，制造年份是在 1605-1615 年之间。这支手枪原系路易八世的个人收藏，后来不知道怎么落到俄国人手里，现藏于俄罗斯圣彼得堡博物馆。

燧发手枪的出现是手枪历史上的重大进步。也正是从燧发手枪开始，手枪作为一种灵活、轻便的单兵武器，开始在战场上大放异彩。

第十三章 击发枪的发明

1807 年，一个名叫福塞斯的英国人发明了击发点火装置。他使用一种起爆点火药（刚开始用的是一种雷粉），这种起爆药经猛烈撞击后会发生爆炸。福塞斯将起爆药装进靠近传火孔的小器皿中，击锤猛击器皿，雷粉起爆，爆炸燃起的火焰经由传火孔进入药室，继而点燃发射药。

击发点火装置的发明是点火技术的巨大进步，但实际上，早在此之前，科学家们就已经认识到击发原理。据考证，1703 年，一位法国科学家首先认识到这一原理，但却未能加以实际应用。还有文件记载，17 世纪中期时，这种点火技术就已经发明出来了。一份作于 1662 年的日记这样写道：

▲ 春田和恩菲尔德击发枪上使用的击发打火装置

▲ 击发打火装置

“在咖啡馆里，我和一位名叫艾伦的博士在闲扯物理和化学问题。我告诉他说，德国一个学者德黎波发明一种器具，装入化学物质后引爆，可以把船炸沉。艾伦博士说，这年头神奇的事多得很哩！他见过一种东西，使用金子做的，化学上称它为爆金，一个小米粒那么大的爆金放在银调羹里，用刀叉一捣，轰隆一声，银调羹破个洞。”如果是真的，那么起爆原理的发明时间还可以往前推 100 多年。看来，起爆原理在 17 世纪的时候就已经被发现了，但是人们还没有意识到它对改进火器的价值。

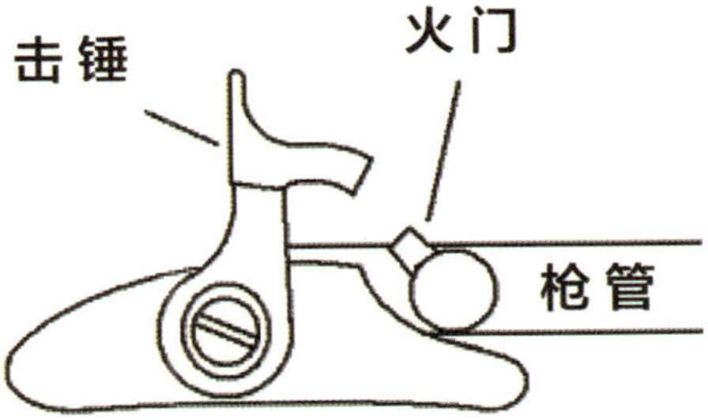

▲ 击发打火装置的示意图

不管怎么说，福赛斯应该是将起爆原理应用于火器点火的第一人。鉴于当时信息交流的困难，福赛斯也多半没有什么现

▲ 短管击发手枪

成的配方可以参考，说他是独立发明了起爆药和击发点火装置大概也不为过。

为了更好地了解福赛斯和他的发明，我们做一下简单介绍。福赛斯是个牧师，居住在苏格兰的一个村子里，没事的时候喜欢打猎和修枪，有时也搞点化学试验。1793 年，福赛斯 24 岁时，他开始试验起爆点火药。具体是什么时候试验成功就不得而知了。1805 年，福赛斯将他的发明展示给朋友们看。他的朋友中有一个叫莫拉的人劝福赛斯跟他到到伦敦去走一趟。这个莫拉是当时伦敦古堡的主管，古堡里面有不少仪器设备，莫拉希望福赛斯能够利用起来，专心致志地搞化学实验和改进枪械。福赛斯跟随莫拉去了伦敦，可是好景不长，没过多久莫拉就去职了，换了一个新主管。新来的主管看福赛斯天天在古堡里面埋头工作，鼓捣仪器设备，却看不出有什么价值，于是下令把福赛斯赶出了伦敦古堡。结果是，就在被赶出去三个月后，福赛斯发明的击发枪获得了专利，并迅速被英国陆军采用，大量装备。福赛斯也因此被认为是第一个制造击发枪的人。

刚开始的时候，福赛斯使用器皿装雷粉，后来又研制出了“火帽”，即把雷粉铺在两张纸之间，再进一步制作“纸卷火帽”，这就大大加快了枪的发射速度。1812 年，福赛斯又和蒸汽机的发明者瓦特

▲ 采用击发点火装置的步枪

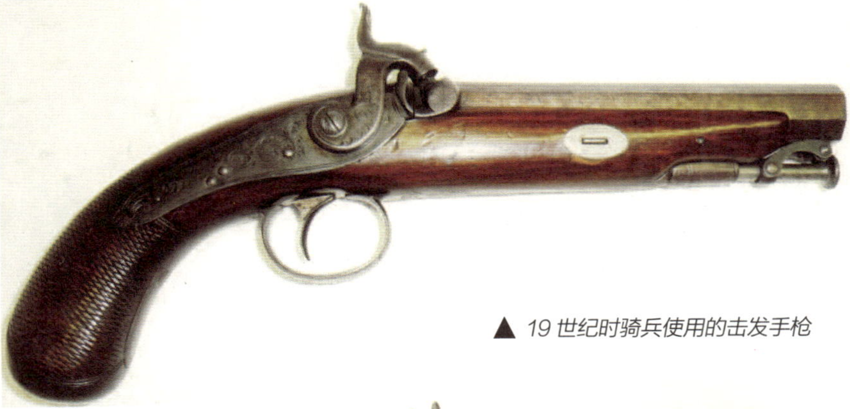

▲ 19 世纪时骑兵使用的击发手枪

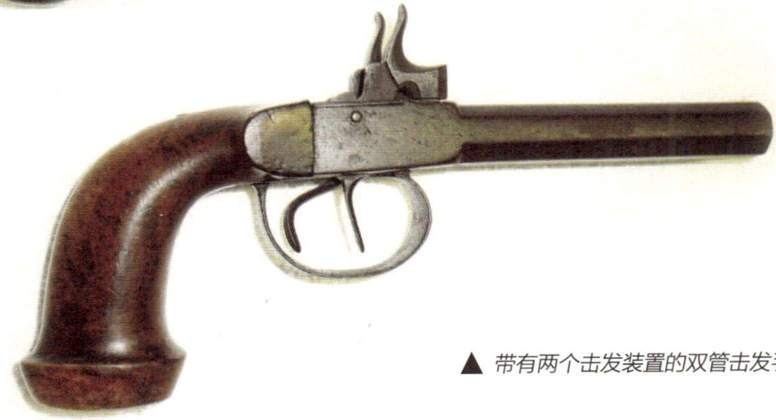

▲ 带有两个击发装置的双管击发手枪

一起合作研制出了几种击发枪。

英国陆军虽然迅速装备了福赛斯发明的击发枪，但是英国政府有关部门却一直对福赛斯于 1807 年注册的发明专利未给予任何奖励，直到 23 年后的 1830 年，才付给福赛斯 200 英镑的奖金。对于福赛斯的这个给枪械带来划时代变革的发明来说，这点奖金未免过于吝啬，也引起了枪械行

▲ 使用击发枪瞄准的射手

业的议论纷纷。后来，主管部门又于 1843 年才追加 800 英镑奖金。可是当领奖通知书到达福赛斯的家门口时，这位杰出的枪械发明家已经去世三个月了。

福赛斯发明的击发枪开启了一个崭新的时代。后来，各国的枪械师们又纷纷对击发装置进行改进。在这些发明者中，下面这几个人值得一提。

1814 年，英国人乔舒亚在美国费城首次应用铜火帽。到 19 世纪 40 年代，铜火帽在军用步枪上得到普遍使用。

1816 年，伦敦枪械工曼吞发明了雷管，后来又于 1825 年发明回转式弹仓火帽。

1836 年，英国人阿加尔发明自动火帽弹仓。

1837 年，德国枪械发明家德莱赛发明使用纸壳弹的针刺发火枪，1841 年被普鲁士军队采用。这一发明使击发后装枪大大前进了一步。

1845 年，梅纳德博士发明“条带火帽”，自动供弹，由击锤击发。

随着这些新发明的不断出现和应用，击发枪也越来越完善，并逐渐成为战场上的主要武器。

第十四章 | 后装枪的出现

早期的火枪，弹药都是从枪口装填的。当时的射手，在射击完毕后，需要将枪管竖起来，重新装填火药和弹丸。由于枪很长，因此射手需要站立装填，不仅费时费力，而且操作动作大，很容易暴露目标，每分钟也只能发射 1 ～ 2 发子弹。于是有人就开始尝试从枪管后方装填弹药，这就是最早的后装枪。后装枪研发了很长时间，尽管很多枪械师都在努力，却没能成功，研发出来的枪不是容易烧伤射手就是射击后火药残留物太多影响下一次射击。

1776 年，英国军官弗格森发明了燧发后装步枪，并获得专利。这就是弗格森步枪。弗格森步枪被认为是最早的实用的后膛枪。弗格森 1744 年出生于苏格兰，14 岁起就在英国陆军中服役，1777 年晋升少校军衔。美国独立战争时，弗格森是英军中的一名神枪手，他使用的武器是老式的滑膛燧石枪，有效杀伤射程为 73 米，而当时北美殖民地大陆军射手使用的却是肯塔基步枪，

▲ 从左至右，依次为普鲁士德莱赛击针枪、美国 1842 型前装枪和美国 1819 型后装枪。

有效射程达 180 米。最致命的还在于燧石枪是前膛装填弹药，装弹药动作慢且无法卧姿装填，极易暴露目标。在一次战斗中，

弗格森在先于对手发现目标的有利情况下，由于武器射程达不到而没有击中敌人，反而因为开枪暴露自己而被对手击伤。

伤愈后的弗格森决心自行研制一种后膛式装弹且射程在 180 米以上的步枪。他的想法引来周围人的嘲笑，因为在他之前已有许多专业的枪械师试图研制后装步枪，但都没有成功，而弗格森虽然射击技术过人，但对造枪却是十足的门外汉。但弗格森没有退缩。经过潜心研制，他终于造出了后来以他名字命名的“弗格森”步枪。这是一支真正意义上的后装步枪，有效射程在 180 米以上，能在一分钟内完成 6~8 次装填和射击程序，而一般的滑膛枪每分钟只能进行 3 次这样的操作。

▲ 美国第一任总统乔治 · 华盛顿

刚开始，弗格森的新发明没能引起英军高层的注意。为了推销自己设计的武器，弗格森经常拿着他的步枪在各种场合进行射击表演。1776 年，弗格森在英国伍尔威治兵工厂向英军高层展示他的新枪。在射击演示中，弗格森用他的枪击中了 91 米以外的牛的眼睛。高超的射击技术和新枪优异的性能震惊了英军的高层指挥官。他们当场决定立即生产 100 支弗格森步枪，任命弗格森为英军少校，组建、指挥一支使用弗格森步枪的燧发后膛枪营。

▲ 华盛顿戎装像

1777 年 10 月的某天，北美殖民地人民争取独立的战争已经打到第三年。在费城西北的杰曼敦地区，英国军队和北美大

▲ *从上到下，依次为英国弗格森步枪、美国 1819 型后装枪和德蒙第安火绳枪。*

陆军在相距 200~300 码①的阵地上对峙。担任苏格兰高地团二营营长的弗格森少校发现对方阵地上有一个衣着随便、身高 6 英尺②的高个男子，正在漫不经心地观察英军阵地。弗格森端起枪瞄准男子，不知道为什么，他并没有扣动扳机，而是把枪放下了，任由高个男子离去。这个男子正是当时大陆军的总司令乔治·华盛顿将军。这就是后来让后世的人们议论纷纷的“未开的一枪”。

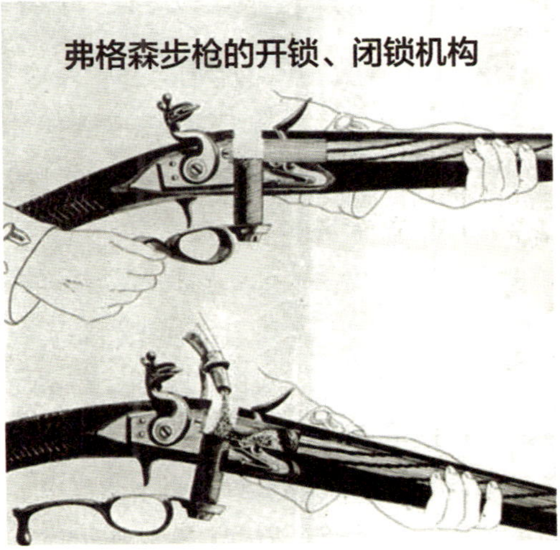

▲ *后膛装填的弗格森步枪*

弗格森为什么没有开枪呢？当时华盛顿正处于他步枪的有效射程之内，作为一个神枪手，弗格森绝对有把握也有能力击

① *1 码 = 0.9144 米*
② *1 英尺 = 0.3048 米*

▲ *德莱赛 1841 型针击步枪*

中目标。那么，是因为弗格森不认识华盛顿，认为他只是个普通士兵，所以不屑于开枪吗？还是他知道是华盛顿，却出于绅士的考虑，不愿意用冷枪杀死这个可敬的对手呢？事实上，当时的英军司令官曾秘令弗格森寻找机会射杀大陆军的将官级指挥官以挫败其士气，并在密令中详细描述了各个目标的体貌特征。对于华盛顿，他不应该是毫不知情的。那么究竟是什么原因导致了这“未开的一枪”呢？随着弗格森三年后在国王山的战斗中阵亡，这永远成了一个未知之谜。

关于这个著名的历史事件，一本美国轻武器史书上这么写道：“美国的命运在这一瞬间掌握在这个英军少校手里。”1785年在爱尔兰出版的《英美战争史》上关于弗格森有这么一段话：“或许他是当时最优秀的射手，在杰曼敦战斗中，乔治·华盛顿处在他的燧发后装枪的最有效的射程内，性命完全掌握在这个效忠英王陛下的军官手里。可惜，他瞬间作出了错误判断，认为华盛顿和密令中的指示对不上号，轻易地把这个大人物放过去了。”

弗格森步枪是英军正式装备的第一支燧发后装枪，也成为那个时代最好的步枪。后来随着 1807 年福赛斯发明击发点火，

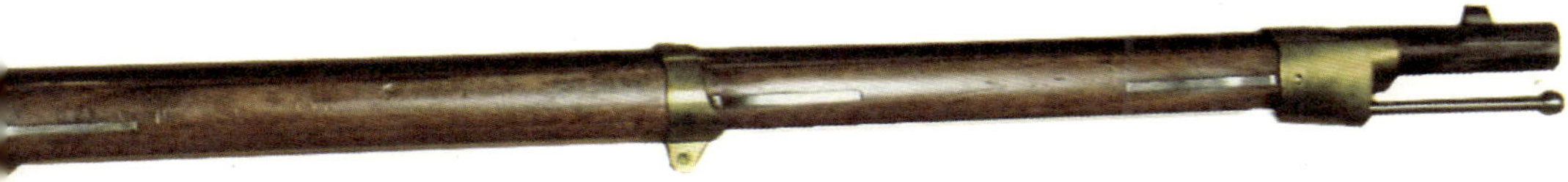

1812 年法国人发明了将弹头、发射药和纸弹壳连成一体的定装式枪弹（纸壳弹），1835 年普鲁士人冯·德莱赛发明了使用纸壳弹的针刺发火枪。射手使用针刺发火枪，只要扣动扳机，一根长杆形撞针便刺破纸弹壳，撞击底火，引燃发射药，将弹丸射出。这一发明使击发后装枪大大前进了一步。

由于使用后膛装弹，德莱赛发明的新枪相比同时代的枪具有诸多优势，不仅装弹迅速，操作方便，而且可以使用立、跪、卧和行进中等多种姿态装填弹药和进行射击，其战斗射速比燧发枪提高了 4–5 倍，每分钟能发射 6–7 发枪弹，这大大增加了步枪的火力和使用灵活性。仅仅过了 6 年（1841 年），德莱赛步枪就迅速装备了普鲁士军队，并在 1866 年普鲁士和奥地利争夺德意志领导权的萨多瓦会战中帮助普鲁士军队击败了称雄欧洲的奥地利军队。当时普鲁士一方使用的是后装击针枪，而奥地利军队使用的还是前装燧发枪。

其实，普奥会战前，普鲁士国内反对列装后装枪的声音还很强烈。据说，一位普鲁士将军非常讨厌后装枪，他在死时留下遗言，要求在他的墓地上用前装滑膛枪放一阵枪声，否则他死不瞑目。更有趣的是，一位率领军事代表团访问普鲁士的瑞

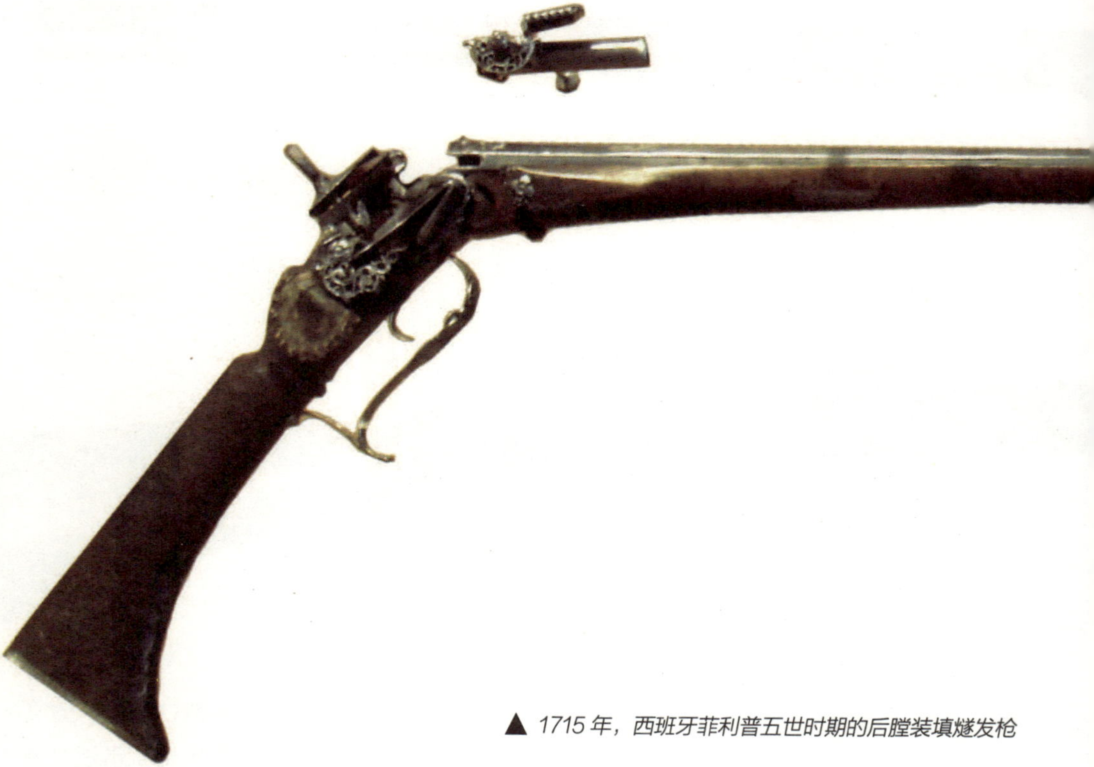

▲ *1715 年，西班牙菲利普五世时期的后膛装填燧发枪*

士将军，在检阅了刚刚配装后装枪的普鲁士部队后，居然发出这样的论断：“用嘴吃东西是高贵的（指前装枪），瑞士人从来不会卑贱到使用从尾部装填的‘灌肠枪’（指后装枪）来射击。”我们又一次看到，新生事物对于那些拒绝改变的人来说是多么地难以接受。

然而，普奥会战的事实无情地粉碎了对后装枪的偏见。战后，当时欧洲的军事强国争先恐后地换装后装击发枪。以俄国为例。1866 年，陆军大臣米柳京上书沙皇，请求立即采用后装枪，到 1872 年，仅仅 6 年时间，俄国军队共装备各型后装枪总计 100 余万支。随着后装枪的大量列装，前装枪逐渐被淘汰。

▲ *1715 年，西班牙菲利普五世时期的后膛装填燧发枪局部*

▲ 15—16 世纪时的后膛装填火炮

从前装枪改为后装枪不仅是将弹药换个方向装填那么简单的事情。它取决于两个问题的解决。首先，要采用定装式枪弹，只有定装枪弹才可以从枪尾装填。早期的枪弹，火药、底火和弹丸是分开装的，直到 1812 年纸壳定装式枪弹的出现。德莱赛正是在纸壳弹的基础上，才发明了针刺发火枪。但是纸壳弹的闭气性能仍不算好，后来又出现了金属弹壳定装枪弹，才从根本上解决了发射时漏气的问题。其次，要有可靠的闭锁装置。这样，在枪射击时，燃烧的火药气体才不会从枪管尾端跑出来。气体跑出来了，自然没有足够的压力推动弹头向前运动。

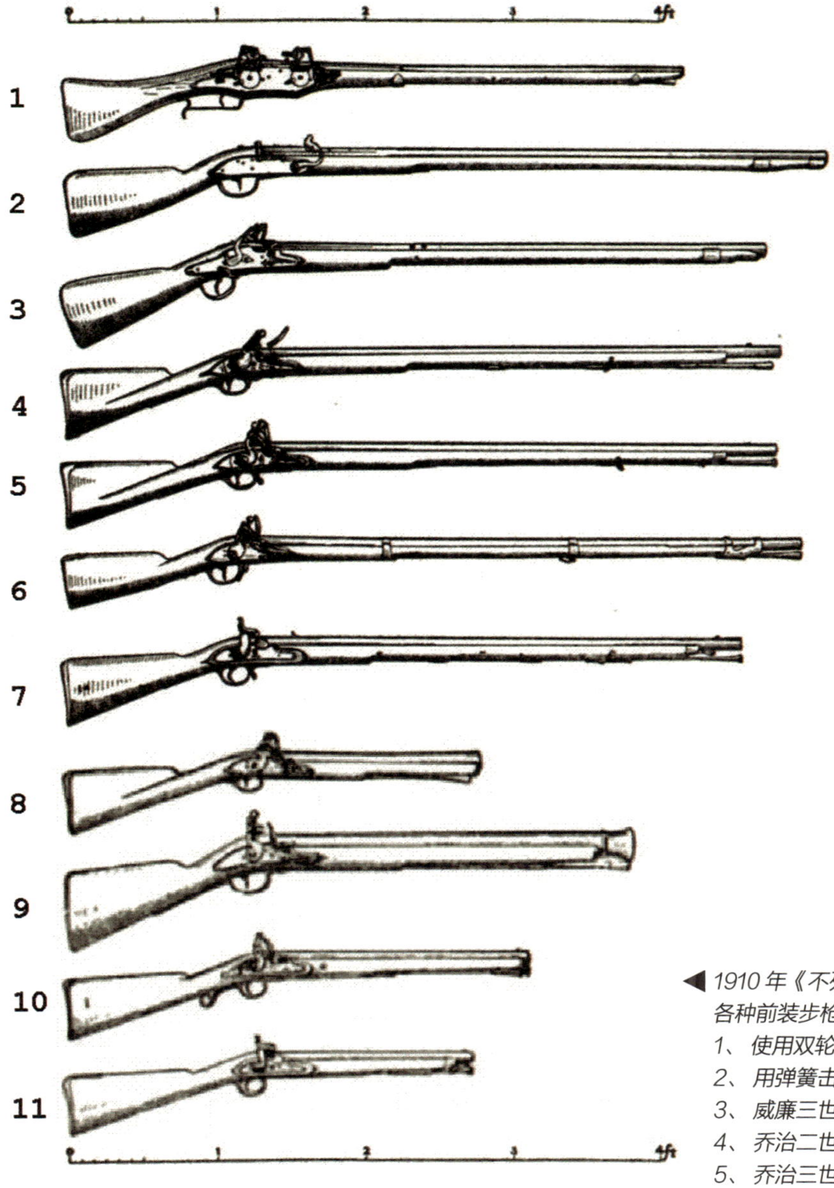

◀ *1910 年《不列颠百科全书》上记载的各种前装步枪。从上到下依次是：*
1、使用双轮锁的 16 世纪德国短步枪
2、用弹簧击发的早期燧发枪
3、威廉三世时期的燧石枪
4、乔治二世时期的燧石枪
5、乔治三世时期的燧石枪
6、拿破仑时期的燧发枪
7、1839 年时的英国燧发枪
8、18 世纪早期的短火枪
9、1750 年时的大口径喇叭铳
10、1875 年时的燧发骑步枪
11、1830 年时的燧发短步枪

▲ 1866 年普奥萨多瓦会战

第十五章 膛线的发明

▲ 法国制造的使用米尼厄弹的米尼厄步枪

膛线的的历史相当悠久。1498 年，一个叫凯尔奈的维也纳制枪工匠在前装枪的枪管内刻制直线形沟槽，这可算得上是关于膛线的最早明确记载。凯尔奈刻制膛线的目的主要是为了提高从枪口装填弹丸的速度和便于枪管射击后的擦拭保养，这和后来人们刻制膛线的目的有根本区别。

膛线有什么作用呢？让我们设想一下。现在我们使用滑膛枪进行射击，弹头在火药气体推动下飞出膛口，在空气中继续飞行，它将受到两个力的作用。一个是与弹头飞行方向相反的空气阻力，其作用是使弹头不断减速；一个是地球的地心引力，也就是我们通常说的重力，其作用主要是使弹头沿近似抛物线的轨迹不断下降高度。在这两个力的作用下，弹头发生翻滚，开始不断地翻跟头，这就造成弹头射程大大减小，射弹散布增大，射击效果严重下降。这样，我们就可以理解，为什么滑膛枪的射程和精度普遍不佳。为了保证弹头在空气中飞行稳定，当时的人们想到了一个办法，就是在枪膛中刻制螺旋形的膛线。子弹发射瞬间，高压火药气体推动弹头沿膛线作螺旋运动，在弹头出膛口时，即被

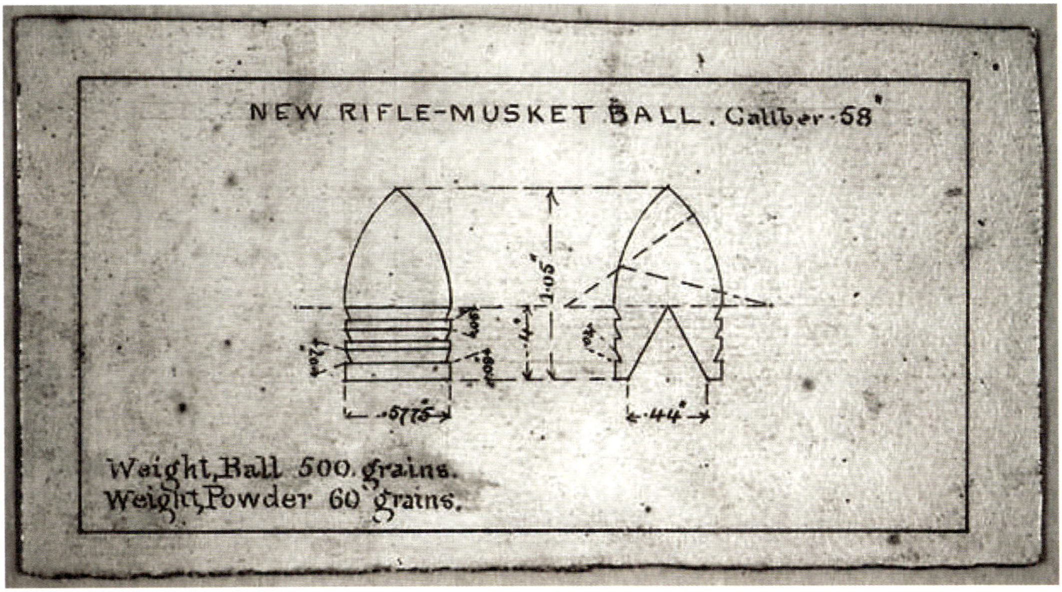
NEW RIFLE-MUSKET BALL. Caliber ·58"
1.05"
·5775
·44"
Weight, Ball 500 grains.
Weight, Powder 60 grains.

▲ 米尼厄弹的设计图

赋予极高的动能，以前进方向为轴线高速自转（现代步枪弹头飞离膛口的瞬间，其自转速度高达 20 万转 / 分）。这和我们平时常见的陀螺的自转运动的原理是一样的，即通过高速旋转来保证自身稳定，因此又被称作陀螺效应。

膛线出现以后，逐渐引起了人们的重视。到了 16 世纪，人们开始尝试将直线形膛线改为螺旋形膛线，以使射出的长形铅弹保持高速旋转，改进的结果是子弹的飞行稳定性、射击精度和射程都得到很大提高。这进一步引起了许多战术专家和技术专家的注意。人们对膛线进行了大量的试验工作，对刻制数目不等的膛线进行射击

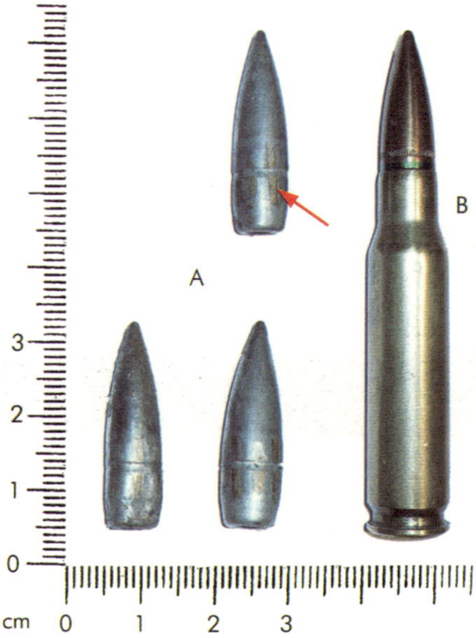

▲ 膛线在弹头上留下的凹痕

▲ 线膛步枪使用的米尼厄弹

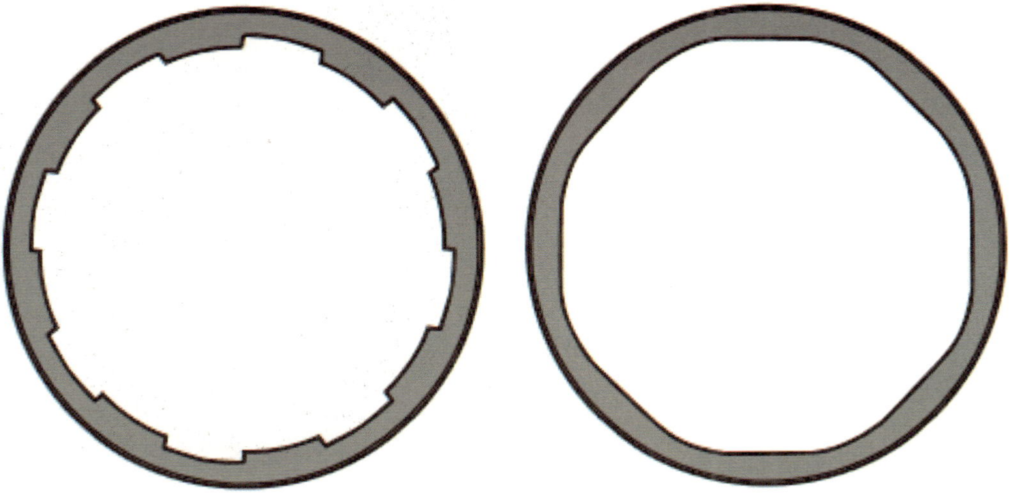

▲ *左边：传统的八沟槽膛线 右边：改进后的八边形膛线*

考察，最少的刻 2 条膛线，最多的达 34 条之多。英国的伍尔威奇兵工厂陈列有许多当时制造的有螺旋膛线的火器，还有少量直膛线火器，其中就有一支制造于 1611 年的丹麦军队使用的线膛步枪。可见，最晚到那个时候，线膛枪已经受到军队的重视。

虽然欧洲人从火绳枪的时代就开始了膛线的试验，但真正让各国认识到膛线重要性还是因为美国独立战争（1775-1783 年）。在美国独立战争中，北美殖民地抗英军队率先大量使用了线膛火器，从而使英军遭到重大伤亡。一名叫汉格的英军上尉在其回忆录中写道："我指挥的这支由德国雇佣兵组成的突击队，每个人都受过严格的步兵训练，作战非常勇敢，但是对方的线膛枪不仅射程远，而且非常精准，

▲ *19 世纪法国制造的加农炮的螺旋形膛线*

常常让我的部下们束手无策。"战后不久，英军开始装备燧发线膛枪。1815 年的滑铁卢战役中，英军的线膛枪连一举消灭了法军几个炮兵连。尽管如此，由于前装线膛枪装填速度太慢以及当时线膛枪的膛线极易被射击后残留枪管的灰屑和污垢塞满导

致无法工作，英军并没有大量装备线膛枪。

转折出现在 19 世纪中期。当时，有一名叫米尼厄的法国上尉发明了一种锥形弹头。在此之前的前装线膛枪由于弹丸必须嵌入膛线才能随着膛线旋转，所以弹丸的直径必须大于膛线的阳线直径，这就使得前装线膛枪的士兵往往需要用锤子敲击送弹棍才能将弹丸装进枪膛，射击速度也因此降低到滑膛枪的三分之一甚至更慢。这么低的射速，对于军队来说是无法容忍的。所以在膛线发明后的两百年间，线膛枪在军队中始终只是配角。米涅厄发明的锥形弹头解决了这一问题。米涅厄弹的口径比前装线膛枪的阳线直径要小一圈，这就解决了装弹困难的问题。其弹丸底部有一个圆锥形的小洞，发射时，火药燃气使弹丸尾部膨胀，嵌入膛线，随着膛线高速旋转出膛。米涅厄弹的最大优势是弹头直径小于枪管口径，使得装填更为容易，大大提高了前装线膛枪的射速，同时还能起到闭气的作用。英军在 1846—1852 年的卡非尔战争中首次使用了米尼厄弹头，在克里米亚战争中也使用了，但仍不算理想。倒是美国南北战争期间，交战双方都使用了发射米尼厄弹头的前装线膛步枪，并因此死伤惨重，米尼厄弹头也被认为是最大的祸根。

1854 年，一名叫惠特沃斯的英国工程师接受委派进行线膛枪管的研制和试验，

▲ 坦克使用的 105 毫米线膛炮的膛线

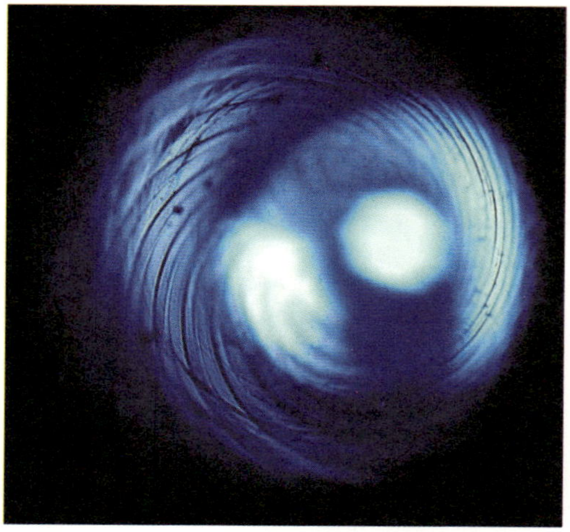

▲ 雷明顿 .35 口径右旋浅线膛枪管的内视图

他没能取得什么突破性的新进展，但是他关于步枪减小口径和武器零部件互换的建议却开启了后世轻武器变革的先声。直到 1865 年，英国工程师梅特福研制成功了一种以他的名字命名的新型膛线——梅特福

▲ *1863 年，美国南北战争时使用的米尼厄弹步枪。指挥官命令：“教会黑人士兵使用米尼厄步枪。”*

▲ *使用 1851 型 .58 口径米尼厄步枪的法国士兵*

膛线。在梅特福膛线出现之前，阴线通常比较深，线膛断面采用多边形，使用黑火药，膛线内火药残渣堵塞很厉害。梅特福膛线采用了浅阴线和稍带圆角的阳线，由于消除了多边形膛线的尖角，膛线堵塞的现象大大减轻。

这样，阻碍前装线膛枪列装的两大问题：装填速度慢和膛线堵塞的问题都得到了成功解决，线膛枪开始逐渐普及开来，但是真正得到广泛应用还是在后装枪得到推广以后。后来，无烟火药取代了黑火药作发射药，由于其高烧蚀性，梅特福浅膛线打不了多久就烧成了光板，于是英国人又发明了适用于无烟火药的恩菲尔德膛线，直到现在，仍被很多现代军用步枪所采用。

▲ 9毫米手枪的膛线

1851年，英国装备了发射米尼厄弹头的17.8毫米口径前装线膛枪——兰卡斯特线膛枪。英国政府为此奖励米尼厄2万英镑。始料未及的是，这却引起了一桩大麻烦。原来，早在1836年，英国军械署就曾经试验过英国枪械发明家格林纳的弹头膨胀系统。试验结果十分理想。在最后给出的试验报告中，负责评审的军事专家们对格林纳的膨胀弹头给予了充分肯定，认为使用格林纳弹头的前装线膛步枪和滑膛枪的装填速度一样快，同时还可以保证线膛枪原来具备的远射程和高精度。但是英国军械署以弹头制造复杂为由，否决了试验报告的结论，评语是："无用的空想"。没曾想过了15年，一个法国人以同样的发明却得到英国政府的重赏，这自然引起了格林纳的强烈不满。于是，格林纳向英国军械署提出了赔偿。事情闹得沸沸扬扬，最终，英国政府承认格林纳的发明在米尼厄之前，并于1857年从陆军军费预算中拨出1000英镑给格林纳作为"首次公开发布膨胀弹头的奖励"。

关于米尼厄弹，还有个故事。1852年，英军对米尼厄弹系统进行了改进，命名为普利切特弹，弹径14毫米，枪膛直径14.65毫米。普利切特弹的弹底有一个插塞，用纸包得很紧，内外涂了厚厚的动物油脂。动物油脂容易变质，时间长了，子弹箱里恶臭难闻。驻印英军强逼印度兵用牙撕咬又腥又臭的包装纸，印度兵忍无可忍，最终爆发兵变。英国当局派兵镇压，历时两年，才最终平息。

第十六章 | 滑膛枪和线膛枪之争

1854 年 9 月，克里米亚战争爆发。战争的一方是俄国，另一方则是英国、法国、土耳其和撒丁王国。1856 年 3 月，战争以俄国的失败告终。

俄军为什么会失败？有很多原因，但作战双方武器装备的差距绝对可算是主因之一。当时俄军士兵使用的主要武器是 M1844 击发滑膛枪，英法土联军则大量装备了新式的 17.8 毫米口径 M1851 米尼厄线膛步枪。在克里米亚战争中，联军的米尼厄步枪共杀伤俄军 10729 人，其中死亡的达到 5000 以上，而当时俄国总共才出兵 4 万余人。仅仅开战 2 个月，俄军就损失了 1/4 的兵力。联军方面，英军共计死亡 579 人，受伤 1860 人；法军死亡 130 人，受伤 750 人。交战双方的伤亡比率为 3.2：1；死亡比率为 7:1。滑膛枪和线膛枪相比，作战效能何其悬殊！

俄军装备的 M1844 击发滑膛枪由 M1839 燧发滑膛枪改装而来。这种滑膛枪使用铁制枪管，枪管很长，打磨得锃亮，并用精制铜带固定在枪托上。枪托使用的是梧桐木，呈细长型，但容易断裂。俄国人对滑膛枪怀有美好的回忆。1812 年拿破仑率领大军入侵俄国时，遭到俄国军民的顽强抵抗，他们使用的正是滑膛枪。可是时间已经过去了 40 多年，在欧洲各军事强国已经纷纷为部队换装线膛枪的情况下，为什么俄国人无动于衷，仍然使用线膛枪呢？是因为他们没有认识到线膛枪的价值吗？不是。当时的俄国国王尼古拉一世是个十分好战的人，他对线膛枪这种新式武器不可能不知情。这要归结于当时俄国混乱的轻武器发展状况。时任俄国陆军大臣是车尔尼雪夫，1827 到 1853 年期间的 25 年，他一直担任这一要职，但是他任职的这段时间也是俄国历史上武器发展最多灾多难的时代。要么是兵工厂发生大火，要么是完不成生产定额，武器研制计划也一再推后。19 世纪中叶，当时的沙皇俄国军队装备的步枪绝大部分是滑膛枪，而且后勤供应很差。原计划向部队配发步骑枪 100 万支，截至 1853 年 1 月，距离克里米亚战争只有 20 个月，俄国军队只领到计划配发数量的一半，即 50 万支。战争期间，美国、普鲁士等国又宣布“中立”，取消了原先与俄国订的购枪合同，对俄国更是雪上加霜。至于新式的 M1856 线膛步枪，等到俄国士兵手里时，克里米亚战争已经结束了。

不管怎么说，滑膛枪和线膛枪之争最终以线膛枪的胜出而告终。相比滑膛枪，线膛枪确实具备巨大优势。由于采用了螺旋形膛线，线膛枪的弹道更稳定、弹头初速更大、射程更远、杀伤力也大大提高。所以说，线膛枪取代滑膛枪是枪械发展的必然。但是滑膛武器的发展并未就此结束，由于其制造方便，后来又出现了滑膛炮、霰弹枪等各种武器，继续在现代战场扮演重要角色。

1852 年，米尼厄系统和滑膛火枪系统曾进行过对比试验，最终结果如下表。

对比射击条件：

A．20 名射手；

B．4 个距离，每个距离上每位射手使用每种枪发射 10 发弹，其中 5 发依次射，5 发齐射；

C．靶板尺寸：6 英尺高，20 英尺宽。

米尼厄系统与滑膛火枪系统对比试验表

距离	击发式滑膛火枪		米尼厄前装线膛步枪	
码	命中弹数	命中率	命中弹数	命中率
100	149	74.5%	189	94.5%
260	85	42.5%	160	80.0%
300	32	16%	110	55.0%
400	9	4.5%	105	52.5%

第十七章 连发步枪的发明

▲ 斯宾塞 1860 型连珠枪

从火铳的时代开始，人们就一直在试图制造出一种连发的火器，并为此付出了大量的努力。但是由于种种原因，连发火器的应用并不成功。我们在前面提到的德莱赛步枪就是一种单发步枪，子弹需要一发一发地装入弹膛，因此又被叫做“后装单发步枪”。

连发步枪的发明者是美国人斯宾塞。斯宾塞出生于 1841 年，美国南北战争（1861—1865 年）爆发的时候，他还是一个不满 20 岁的青年。一天，他带着自己研发的连发步枪闯进了位于首都华盛顿的陆军部大楼，试图向军械官员们推介自己的发明。他滔滔不绝地讲了半天，想让官员们了解连发步枪的优越性，但是正为前方的枪炮弹药供应问题忙得焦头烂额的官员们根本没时间理会这个不知道从哪儿蹦出来的年轻小伙，三言两语就把他打发出去了。事实上，就算他们有时间坐下来细听，恐怕也不会明白。因为当时美国的南军和北军中用的都是底火击发式前装步枪，各大兵工厂和许多民营厂商正根据陆军部的采购合同，开足马力，生产前装枪。这个时候要换装一种全新的、闻所未闻的新式枪械，发明者又是一个无名小卒，确实也很不好办。

正当大失所望的斯宾塞垂头丧气地准备离开时，陆军部大楼的一个看门的老头却热情地跟他打招呼，并请他到传达室攀谈。在了解了斯宾塞的情况后，老头笑着说：“等我下班后，领你去找一个人评评你这支枪，说不定你的好运很快就要来啦！”令斯宾塞不曾想到的是，看门老头带他去见的居然是时任美国总统的亚伯拉罕·林

▲ 斯宾塞卡宾枪的部件和枪弹

肯。林肯注意力非常集中地听取了斯宾塞对他发明的连发步枪（连珠枪）的介绍，观看了他用练习弹演示的连珠枪的操作使用，并让警卫人员在白宫花园树起了靶板，由斯宾塞进行实弹射击。斯宾塞熟练地装上7发弹，打完后又装上7发弹，交给林肯。林肯非常认真地进行瞄准、击发，直到把7发弹打完。射击结果非常理想。

这场在白宫进行的不寻常的射击比赛惊动了美国陆军部和海军部。虽然林肯并未向陆军部和海军部发出指示，后者分别于1861年6月和8月试验、评审了斯宾塞连珠枪。1862年的最后一天，北军正式装备了首批斯宾塞连珠枪。到1863年6月，共生产了7500支连珠枪，大部分装备密歇根骑兵旅。在著名的葛底斯堡一役中，密歇根旅正是使用7发斯宾塞连珠枪，重创南军。斯宾塞连珠枪给南军士兵造成了极大的心理压力。据说，当时南军中流传着这样一个神话——斯宾塞连珠枪装一次弹可以打一个礼拜！

在整个南北战争期间，北军共花费了300万美元采购斯宾塞连珠枪。年轻的斯宾塞迅速组建了一个公司，即“斯宾塞连珠枪公司”。自1863年10月3日起至1865年8月31日止，斯宾塞的公司共为北军制造了61685支连珠枪，斯宾塞本人也发了一笔财。在当时，可不是一个小数目了。随着战争的结束，斯宾塞也于次年把公司关闭了。一个叫温彻斯特的精明的枪械制造商看到了机会，他果断买下了斯宾塞公司全部库存的连珠枪，还把连珠枪的专利全部买了下来，成立温彻斯特连珠武器公司。后来在土俄战争中大出风头的M1873温彻斯特连珠枪就是这个公司的产品，温彻斯特也因此成为闻名世界的军械实业家。

关于M1873温彻斯特连珠枪，我们来看下面这个故事。

1877年7月30日清晨，在距离保加利亚首都80英里的普列佛纳城外的战场上，俄国和土耳其两军对峙。俄军信心满满，决定一举荡平土军。头天晚上，俄军司令

▲ 温彻斯特连珠枪家族

▲ 斯宾塞 1865 型 .50 口径卡宾枪

克鲁登纳将军已带着参谋人员勘察了战场，他得出的结论是：尽管俄军第一梯队可能要遭受较大伤亡，但是土军最终将无法阻挡俄军的强大攻势。

大战即将来临，俄国士兵最后一次仔细检查了他们手中的武器——使用 10.7 毫米瓶颈枪弹的伯丹步枪和 10 毫米科恩卡后装步枪。他们自信己方武器的性能要优于土耳其士兵手中的美国造皮博迪 – 马蒂尼步枪。冲锋号吹响了，俄军士兵高呼“乌拉”直往前冲，但是还没等得及放第一枪，很多人就倒下了，首次进攻遭到重创。这是土军皮博迪 – 马蒂尼步枪的杰作。据俄国人自己说，土军在距离俄军 3000 码的距离上就开火了。但马蒂尼步枪的最大有效射程只有 700 码，弹丸飞到 3000 码时根本就不知道跑哪里去了，即使能飞 3000 码，弹丸也已经是强弩之末，残存的弹能很难对人造成重大伤害。因此，说土耳其人在 3000 码距离上开火的说法很可能是俄军为掩盖失败而故意瞎说的。

▲ M1873 温彻斯特连珠枪

同伴的倒下，并没能阻止俄军的顽强冲锋。出人意料的是，土耳其人也停止了射击。战场上寂静得可怕。俄军士兵继续前进，500 码、400 码、300 码、200 码，土耳其人依然毫无动静。这时，俄军发现战壕里的土耳其士兵放下了手中的皮博迪 - 马蒂尼步枪。俄国人看得一清二楚，他们以为这是土耳其人害怕了，丢下枪准备撤退，于是继续高呼着向土军疯狂冲去，仿佛胜利已经到手了。但是，将皮博迪 - 马蒂尼步枪放在一边的土军却换上了一种新的枪，这就是刚刚从美国采购的 11.2 毫米口径的温彻斯特连珠枪。在俄军靠近到 100 码距离上时，土耳其军队的 3 万支连珠枪一齐开火射击，俄军死伤遍野，进攻以惨败告终。不甘心失败的俄国人又在 9 月 11 日使用同样的战术发动了一次凶猛进攻，土耳其人故技重施，再次大败俄军。两次进攻死于土军连珠枪枪口下的俄军士兵多达 3 万余人。

普列佛纳战役中，土军的胜利是多方面的，但最关键还是新式武器和合理战术的结合。作为防御一方，土军本来就有优势，土军士兵可以依托战壕对暴露在空旷地带的俄军士兵进行瞄准、射击，以逸待劳。就战术而言，土军首先使用单发装填的皮博迪 - 马蒂尼步枪从远距离上对俄军实行拦阻射击，削弱俄军进攻，待俄军进入温彻斯特连珠枪的最佳射程后，又发挥连珠枪齐射的强大火力给予俄军致命打击，彻底打断了凶悍顽强的俄国人的脊梁，将

▲ *冲锋中的俄国龙骑兵*

不同武器的效能发挥得淋漓尽致。而反观俄军，武器性能不如土军就算了，第二次进攻又顽固坚持已经失败的战术，最终惨败而归。

关于普列佛纳战役，接替克鲁登纳将军任俄军司令的土德里本将军于 1878 年 1 月 18 日的一封信中如此写道："每一个土耳其人都带有 100 发枪弹，身旁还放有装着 500 发枪弹的弹药箱。他们还雇用一些神枪手，专门射击我方军官。……土耳其人甚至不进行瞄准，躲在战壕内，枪伸在外面，一直扣扳机……我军的英勇可歌可

泣，但此役终遭失败。几个1万余人的满员师，打下来每师只剩四五千人。”

普列佛纳战役后，土耳其人率先又列装了14万支温彻斯特连珠枪，欧洲各国军队也加紧为本国军队换装了连珠枪，单发装填步枪的时代结束了。

▲ 普列佛纳战役

早在16世纪时，人们已经开始尝试制作连珠武器，但是真正有实用价值的连珠枪却是在定装枪弹研制成功以后才出现的，因为连珠枪只能采用后装供弹。斯潘塞连珠枪的供弹机构是枪托内的管式容弹器，温彻斯特连珠枪的供弹管则位于枪管下面。左轮手枪采用的转膛结构最早也是用于连珠步枪的。

17世纪中叶，我国发明家戴梓发明了一种“连珠铳”，又叫“连珠火铳”，一次装填之后能贮存弹丸28发。火药和弹丸均贮于枪托，以二机轮流开闭。扳第一机时，火药及铅弹丸自动落入筒中，第二机随即转动，摩擦燧石，点燃火药发射铅弹丸。“连珠铳”类似于近代的手动式步枪，已经具备了弹匣和弹头、火药一体化的观念，射速应可达到现代的手动式枪械的水平。由于满清王朝的保守心理，加上“连珠铳”的结构比当时的主要火器“鸟铳”要复杂得多，价格也远高于“鸟铳”，最终没有被推广和采用。

第十八章 子弹的演进

早期的子弹

最早的管型射击火器——突火枪发射的是“子窠”，由碎瓷片、铁片和石子组成，这是最原始的子弹。后来又使用铁砂作为子弹，由于黑火药的威力有限，这些铁砂对较远距离上的人员几乎没有什么伤害。

在欧洲，火绳枪出现以后，曾经使用石子作为子弹，后来随着火枪的不断改进，才出现了铜质或铅质的金属弹丸，尤其以铅质弹丸为多。这是由于铅的熔点低，易于加工，在不打仗的时候，火枪兵自己也可以加工制作子弹。这样的子弹一般呈球形，由于在发射时易发生不规则变形，射击精度往往较差，杀伤威力也很一般。

▲ 早期火枪使用的球形弹丸

◀ 19 世纪时的弹丸模具

▶ 柯尔特 1860 型 .44 口径陆军用左轮手枪使用的弹丸模具

◀ 欧洲早期的火枪制弹模具。将融化的铅倒入铁质的模具中，就可以制成圆形的铅弹。

从球形弹丸到尖弹头

1828 年，一个名叫德尔文的法国军官将球形弹丸改成长圆形，结果发现这种长圆形子弹的射击精度大大优于球形弹丸。从此，子弹开始变成长圆形。1871 年，英国人将马蒂尼－亨利步枪使用的枪弹在弹壳上部径向缩小，形成了现代瓶形弹壳枪弹的雏形。到了 19 世纪末，研究子弹在空气中所受阻力的外弹道学又有了迅速发展，尖头流线形弹头开始出现。由于大大降低了阻力，弹头的初速、射程和威力均有显著提高，枪弹结构也日益完善，具备了现代枪弹的各种特征。

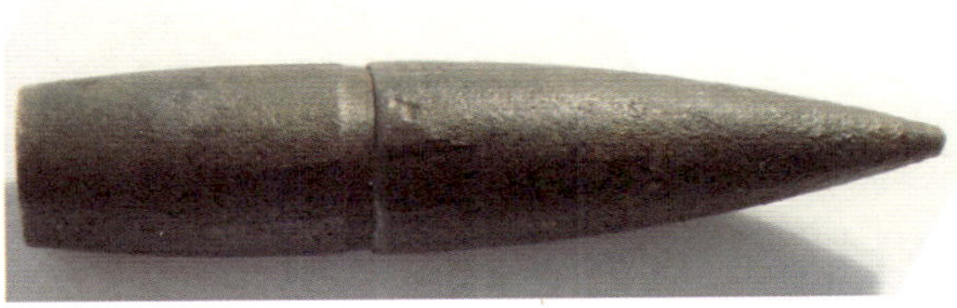

▲ 1886 年研制的最早采用无烟火药发射的 8 毫米勒贝子弹

▲ 现代步枪弹头

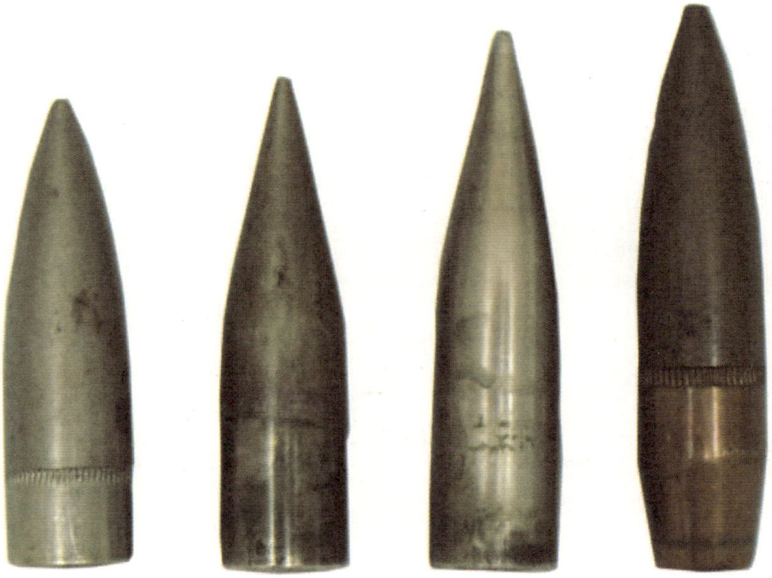

▶ 不同形制的弹头

纸壳弹

早期的火枪都是火药和弹丸分装，由黑火药发射，全凭射手个人的经验来确定装药量的多少。到了 16 世纪中叶，人们开始将火药用纸包封和弹丸分装入膛，这样就较精确地控制了装药量。17 世纪中叶，瑞典首先采用了纸包弹，将弹丸和火药包在一起，方便了弹药携带和从枪口装入枪膛。19 世纪，随着冶金和火药制造技术的发展，枪弹的结构和制造技术有了很大的进步。1812 年，法国人发明了纸壳弹，将弹头、发射药和击发药结合在一起，制成了定装枪弹。定装枪弹的出现促成了后装枪的发展。

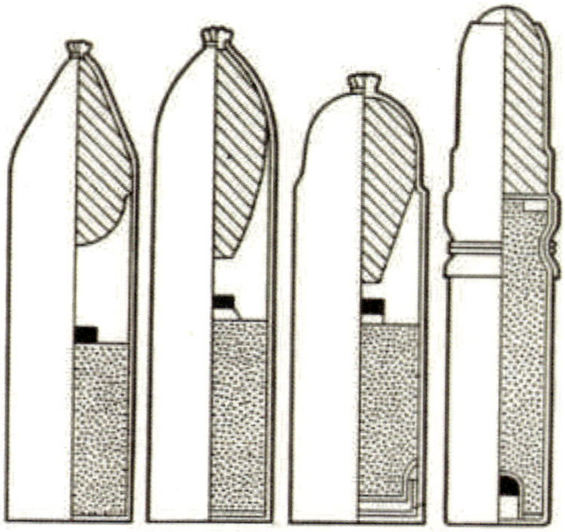

▲ 纸壳弹示意图

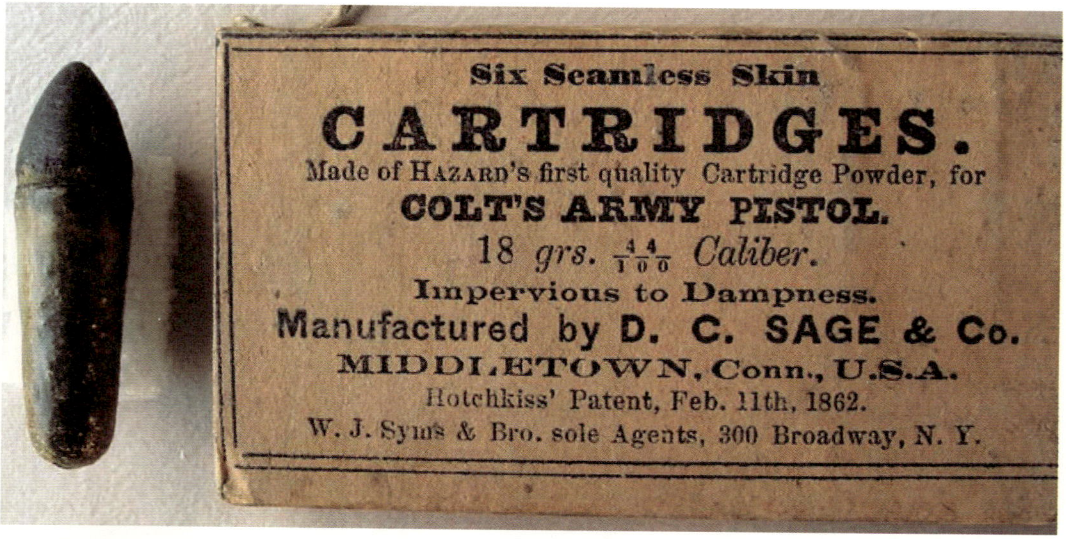

▲ 纸壳弹

▲ 纸壳弹

▲ 左轮手枪用盒装六发纸壳弹

金属弹壳子弹

19 世纪 50–60 年代，预先压上底火的黄铜整体金属弹壳开始出现。金属弹壳枪弹发射时，弹壳可以膨胀，紧贴弹膛壁，从而解决了后装枪的闭气问题；在火药气体压力下降后，弹壳又能自动收缩，弹壳收缩后与弹膛壁之间形成空隙，又便于抽壳。正是由于金属弹壳枪弹的出现，连发步枪的发明才成为可能。美国人斯宾塞就是在此基础上发明了著名的“斯宾塞连珠枪”。

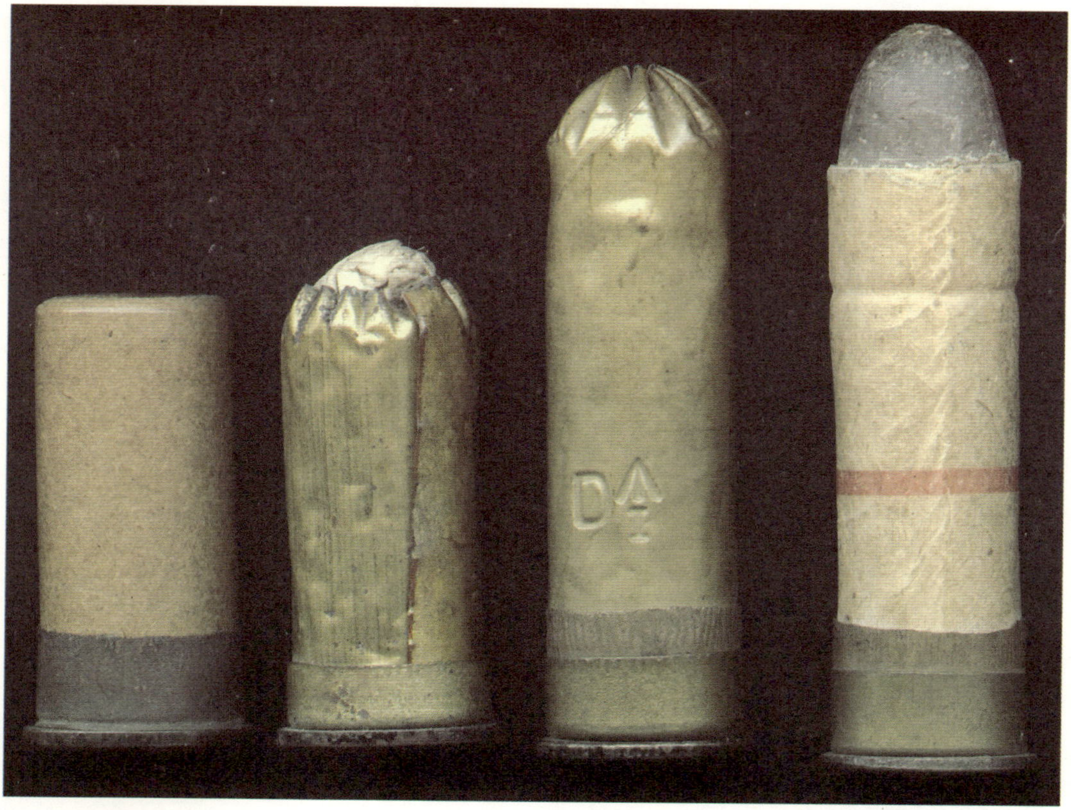

▲ 早期的铜皮弹壳子弹

▲ 法国军队 1874 年装备的金属弹壳子弹

▲ 法国军队 1874 年装备的金属弹壳子弹

▶ 19 世纪中期到 20 世纪初期英国军队使用的弹药

▲ 不同形制的现代子弹

底火

1836 年，巴黎枪械工勒富夏发明针刺发火枪弹。最初，这种枪弹的弹壳是纸质的，只有底部使用金属材料，这是为了便于安装底火，并起到射击时闭气的作用。后来经过逐渐改进，使用了全金属弹壳。这种弹壳的主要特点就是底火上带有伸出弹壳壁外的击针。击针受到击锤击打，就会击发底火药，进而点燃发射药。后来，还出现了底缘发火枪弹和中心发火枪弹。顾名思义，底缘发火枪弹的底火位于弹底缘周围，击针击打底缘，即可发火。这种底火的发明者是法国人福楼拜（1845）。中心发火枪弹的弹底有一个底火室，并有一个传火孔，打击底火后，火焰经传火孔点燃发射药，其发明者同样是个法国人，名叫波特。

▲ *几种子弹的底火*

▲ 9毫米鲁格弹的底火

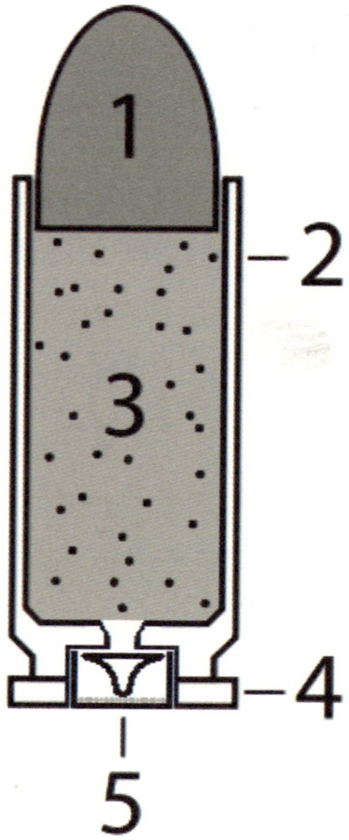

▲ 子弹的结构：
1、弹头　2、外壳　3、火药　4、底缘
5、底火

▲ 公元前4世纪，雅典人用于投掷的弹丸

金属弹壳子弹是当今世界子弹的主流。虽然德国的HK公司从上世纪60年代开始就致力于无壳弹的研发，并研制出了相应的使用无壳弹的步枪，但由于技术上还存在一些难以克服的问题，因此，在未来很长一段时间内，金属弹壳枪弹仍然是子弹的主流。金属弹壳有什么作用呢？

1、 发射时，弹壳可以吸收相当一部分热量并迅速抛出膛外；

2、 发射时，弹壳膨胀，可以密闭膛底，不使火药燃气后泄；

3、 发射药密封，可以防水防潮，即使在战时极度恶劣的环境下，散装弹药也可以长期保存；

4、 抛出的弹壳可以携带一部分火药残渣和污物；

5、 弹壳底部的底火可以保证发火可靠又能使击针处不漏气；

6、 金属弹壳有较好的机械强度，在枪弹运输、携行和使用时不易损伤。

去掉金属壳也有以下好处：

1、 去掉金属壳，子弹重量大大减轻，通常能减掉50%-60%的重量，在相同负重条件下，能携带更多的弹药，战时物资紧缺时，更能节约大量的金属资源；

2、 发射无壳弹省去了枪上的抽壳和抛壳机构，不会再有抛出的空弹壳伤及临近的士兵或自伤的可能；

3、 不要金属弹壳，枪机的行程缩短，射击速率可以大大提高，有利于提高连发命中率；

4、 不要金属弹壳，武器后坐力也会减小，更有利于射手操作武器。

那么子弹到底是何去何从呢，暂时还无法下出结论。我们能够知道的是，金属弹壳子弹和无壳弹都在努力提升自身性能，未来谁是最终赢家让我们拭目以待。

第十九章 无烟火药的发明

火药的发明开启了火器时代的大门。早期的火药都是黑火药。那时的人们还不懂得黑火药的粒化，造出来的黑火药是真正的粉末状药剂。这种黑火药燃烧缓慢，效率很低，无法形成有效的推力，火器的射程和射击精度都受到很大限制。后来，尽管经过努力改进，仍然无法根本解决问题。

随着火器在战场上的普及，黑火药的缺陷越来越受到人们的诟病。许多有丰富战争经验的军人希望军械专家们能够研制出一种新火药，用以取代黑火药。他们指出黑火药在战斗中有以下危险：士兵们使用黑火药开火后，由于黑火药燃烧产生的烟雾，会立即暴露自身位置，再加上再次装填弹药很慢，这就等于是坐等敌人报复；

▲ 无烟火药

更甚者，当步兵分队用连珠枪和弹仓步枪进行齐射时，阵地上烟雾弥漫，实际上根本无法进行瞄准。

人们迫切希望发明出一种无烟火药。但是，任何新的发明都不是一蹴而就的，无烟火药的发明同样经历了一段不短的时间和曲折的过程。19 世纪中期，欧洲的很多化学家都开始了这个新课题的研究，但真正称得上是无烟火药“雏形”的则是 1846 年德国化学家舍伯恩发明的“强棉”。

关于舍伯恩发明“强棉”，有如下的故事。1845 年的一天，舍伯恩在做试验时，不小心把盛满硝酸和硫酸的混合液瓶碰倒了。溶液流在桌上，一时未找到抹布，他赶紧出去拿来了妻子的一条棉布围裙来抹桌子。围裙浸了溶液后湿淋淋的，舍伯恩怕妻子看见后责怪，就把围裙拿到厨房去烘干。没料到靠近火炉时，只听得“扑”的一声，围裙被烧得干干净净，没有一点烟，也没有一点灰，他大吃一惊。事后，他仔细回忆了经过，顿时万分高兴。他意识到自己已经合成了可以用来做炸药的新的化合物。为此，他又多次重复了实验，在肯定结果无误后，遂将其命名为“火棉”，又叫“强棉”，后人称之为硝化纤维。

但是这种“强棉”并不适合做火器的发射药，即使作为炸药也很不稳定。当然，当时的人们，包括舍伯恩本人，都不可能认识到，对这种物质的巨大威力也并不了解，就这样开始了“强棉”的试验和生产。不久以后，设在英国法弗沙姆市的一个工厂在加工这种产品时，发生了可怕的爆炸事故，结果整个工厂化为灰烬。后来在其它地方也陆续发生了类似灾难。厂商们和化学家都害怕起来，好多年人们对“强棉”都是不敢问津，谈之色变。只有一个叫冯伦柯的奥地利军官坚持强棉的试验研究，但是作为发射药用，并没有取得多大进展。

▲ 维阿耶

舍伯恩之后，很多化学家和发明家投入到对“强棉”的研究中来，取得了一系列重要成果。19 世纪中期，一位名叫哈蒂希的化学博士做到了在某种程度上控制“强棉”的燃烧速度。1871 年，沃克曼发明了“弱棉”，向步枪用的无烟火药迈进了一大步。1884 年，法国化学家维阿耶在“弱棉”的基础上研制成功了完全可控的无烟火药——最初是硝化棉和苦味酸的混合物，后来又去掉了苦味酸，变成硝化棉和醚、醇的混合物。

维阿耶发明的无烟火药的价值在当时还没有被完全认识到。许多人以为，无烟火药的好处无非就是发射时烟变少了。其实其价值远远不止于此。这种火药的化学安定性和弹道稳定性要远远优于当时最好的黑火药的性能。发射同样重量的无烟火药和黑火药，弹头获得的初速要高得多。瑞士的鲁宾少校于 1881 年研制成功一种铜被甲铅心弹头，刚开始设计的枪弹装药是黑火药，后来改装无烟火药，试验结果显示，使用无烟火药射击，子弹射程和侵彻力均有显著提高。

在维阿耶发明无烟火药之后，1888 年，诺贝尔发明了“巴里斯太”火药。1889 年，阿贝尔爵士领导的英国火炸药委员会在“巴里斯太”火药的基础上，研制成功了“柯达无烟火药”。关于无烟火药，还有件事情值得一提。1867 年，德国的舒尔茨上尉发明了一种无烟火药，定名为“舒尔茨”火药，但是这种火药只适用于滑膛枪，在

▲ 诺贝尔

线膛枪上的应用并不成功。

相比黑火药，无烟火药具有诸多优势：燃烧后没有残渣，不产生烟雾或只产生少量烟雾，可显著增加弹丸射程，提高弹道平直性和射击精度。无烟火药的诞生为新型弹药的开发铺平了道路。19 世纪 90 年代初，欧洲国家的军用步枪弹基本上从大口径黑火药枪弹演变为较小口径的无烟火药枪弹。马克沁重机枪也是因为使用了无烟火药才具有实用的价值。

直到今天，无烟火药仍在不断改进中。研制出更好性能的无烟火药依然是摆在各国枪械和弹药专家面前的一道难题。

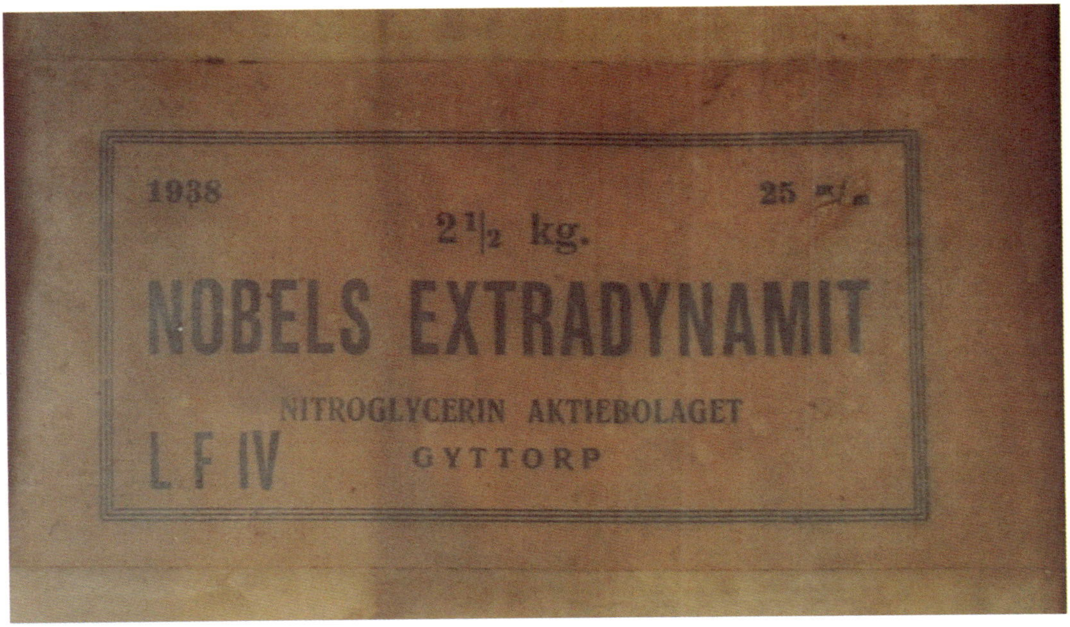

▲ 诺贝尔公司生产的硝化甘油炸药

无烟火药出现以后，弹头初速明显提高，射程、杀伤威力和射击精度也随之增加。弹头由黑火药时期使用最普遍的铅合金弹头变为复合弹头，包括一个钢质或铜镍合金或类似金属制成的外壳，和一个铅合金弹芯。其研制时间大多数是在19世纪的最后15年间。各国使用的口径各不相同，但均在6.5~8毫米之间。大多数的枪弹既适用于步枪发射，也可适用于作机枪弹。初速一般在670~760米/秒之间，不乏更高初速的。

诺贝尔，瑞典发明家，享誉世界的诺贝尔奖的创立者。诺贝尔出生于1883年，1866年发明代那买特"炸药（TNT），1888年发明"巴里斯太"火药。诺贝尔还发明了人工杜仲胶和其它100多项专利产品。他在很多国家设立了生产TNT和"巴里斯太"火药的工厂，并在俄国巴库油田投资，由此获得巨额财富。诺贝尔于1896年去世，留遗产920万美元作为诺贝尔奖奖金，于1901年首次颁发。

第二十章 手枪的发展

关于手枪的故事

在介绍手枪的演变之前，我们先来看一下关于手枪的三则历史故事。

第一则故事：击落风信鸡的神枪手亲王

这个故事发生在1642年9月，故事的地点位于英国。当时，英国国内正在进行着激烈的内战，内战的双方一边是拥护英国国王的保皇党人，一边是克伦威尔率领的议会派新模范军。一天，保皇派的军队在斯塔福德城停下休息，鲁伯特亲王想显示一下自己的枪法，于是拔出腰间的手枪向圣玛丽教堂塔顶上的风信鸡射击，鸡尾应声而落，周围的人都大声喝彩。一边看着的亲王叔父查理却只是笑着说："这是瞎碰的"。鲁伯特立刻射出第二枪，这次，风信鸡完全报销了。围观的群众欢呼雀跃，对亲王的神奇枪法佩服得五体投地，事后纷纷向亲朋好友讲述亲王的神奇枪法。这则关于风信鸡的故事就这么流传下来了。

▲ *18世纪初期的英国安妮女王燧发手枪*

▲ 制造于1760年左右的安妮女王燧发手枪

▲ 可拆卸式枪管

鲁伯特亲王当时使用的是什么手枪呢？据史料记载，他当时使用的是一种螺接枪管线膛手枪，出自他门下的“食客”巴内之手。巴内是荷兰人，流落到英伦三岛，因为高超的造枪手艺而被鲁伯特亲王收罗在府内，专门为他造枪。在当时，螺接枪管手枪是一种很先进的武器。使用时先旋下枪管，在握把前端的弹膛内装进火药和弹丸，然后再旋上枪管，由燧石打火射击。螺接枪管手枪不仅装填弹药方便，而且由于采用了线膛，精度也好于滑膛手枪。当时，教堂的塔尖距离鲁伯特亲王的射击位置大约是150英尺，合45米，假如亲王使用的是滑膛手枪射击，那么就算他的枪法再高

▲ 用白银装饰枪柄的安妮女王手枪

▲ 伦敦制造的安妮女王燧发手枪

▲ 18 世纪时的燧发手枪以及使用的火药壶和装弹袋

明，也是很难射中风信鸡的，更不要说两发全中。

后来，又出现了螺接枪管后装手枪，当时的欧洲各国都有制造，其中以英国人为最。18 世纪初，当时英国人发明了一种名为“安妮女王手枪”的螺接枪管手枪，制作工艺十分精美，让人爱不释手，算得上是螺接枪管时代的巅峰之作。

燧发手枪的前身是转轮打火手枪。在马汉发明燧发枪之前，转轮打火枪就已经发展得比较完善了。即使在后来燧发手枪出现以后，很长一段时间后，转轮打火手枪依然在不断发展。在法王路易八世的兵器陈列馆内就陈列有不少那个时代的转轮打火手枪，有的还具备在雨天射击的性能。在当时依靠燧石打火的时代，手枪的发火装置很容易失灵。能够在雨中仍能正常打

▲ 采用心形握把的苏格兰燧发手枪

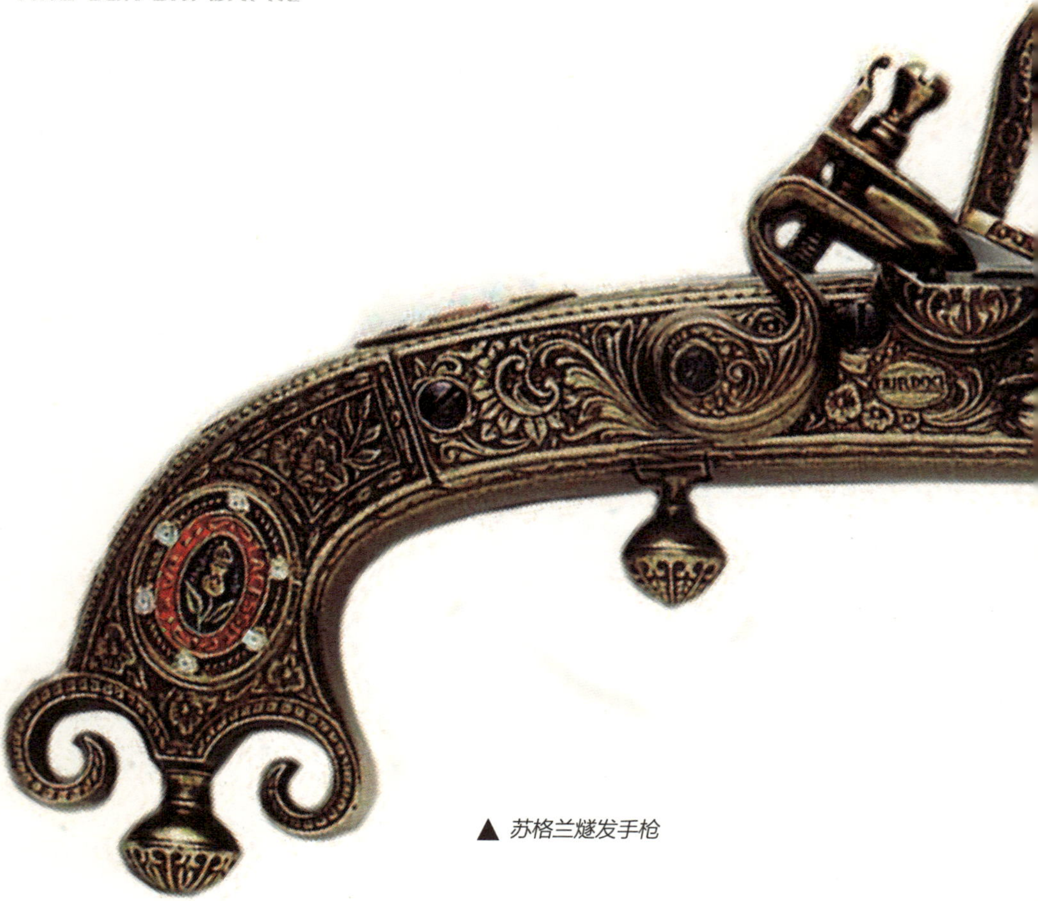

▲ *苏格兰燧发手枪*

火，机构动作不发生故障，可以想见这种枪的密封性、制造的精确性和操作的简易性都是非常出色的。

第二则故事：打响美国独立战争第一枪的苏格兰燧发手枪

1775年4月19日清晨，在英国北美殖民地的列克星敦近郊，随着一声清脆的枪声，英军和殖民地民兵展开了激烈战斗，一时枪声大作，美国独立战争正式爆发。这就是历史上著名的“列克星敦的枪声”。八年以后，经过艰苦的斗争，英国的北美殖民地开始摆脱英国统治，成立了美利坚合众国。

是谁打响了在列克星敦的第一枪呢？是英军的皮凯恩少校，他使用的就是全钢苏格兰制燧发手枪。苏格兰制燧发手枪也因为打响了美国独立战争的第一枪而为后人铭记。当时，美国的爱国者在距离波士顿20英里的一个名叫康科德的小镇（位于

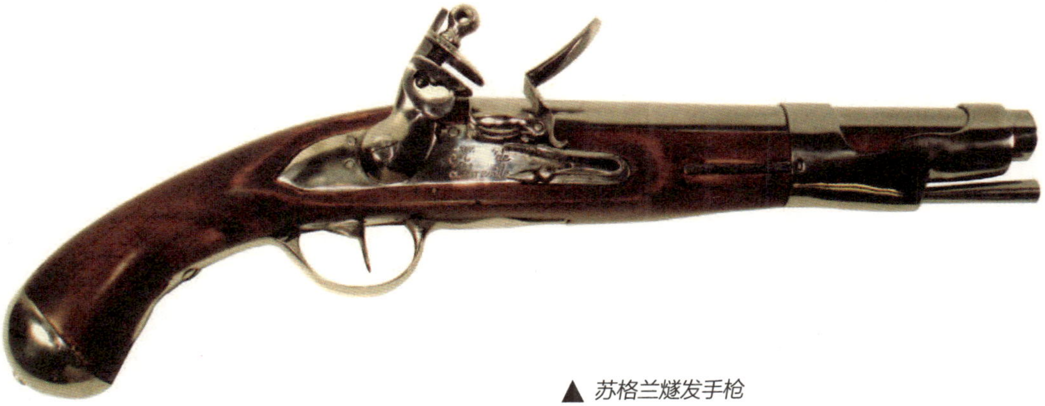

▲ 苏格兰燧发手枪

列克星敦附近）聚集了一大批枪支弹药，准备武力对抗英军。驻波士顿的英军司令获悉了这个情报，决定抢夺这批军火，不让其落到北美爱国民兵的手里。4 月 18 日晚，皮凯恩少校受命率领一支由 800 名英国海军陆战队员组成的部队星夜向康科德进发。就在英军快抵达列克星敦时，皮凯恩发现路边的野地里已经聚集了很多北美民兵，于是便鸣枪下令进攻。北美民兵和英军打了一阵便撤退了，800 名英军冲进康科德镇，却扑了个空。原来英军计划夺军火的情报早已为北美民兵侦悉，于是连夜将军火转移至别的地方。在康科德战斗后的两个月，英军和北美民兵在波斯顿附近的邦克高地又进行了一次恶仗。战斗中，皮凯恩少校被击毙，他的苏格兰手枪也落到北美民兵的手里，现收藏于列克星敦。

皮凯恩少校使用的这支全钢苏格兰手枪采用羊角形握把，口径 16.8 毫米，手枪全长约 12 英寸。为什么叫苏格兰手枪呢？原来，当时英军中的苏格兰高地士兵人人配发有 5 件兵器：滑膛步枪、雕花柄大刀、匕首、盾牌和燧发手枪。所配发的手枪就被称作“苏格兰手枪”。苏格兰手枪的外形很美观，做工也很精致，完全是一个艺术品。只以握把来说，就有心形的、羊角形的、鱼尾形的等不同形制，用钢或黄铜制成，上面再镶嵌银丝，配以彩色丝带，用一条精致的皮枪带挂在左肩，腋窝夹持，前面露出雕花握把，看起来十分神气，深受当时英军军官的喜欢。苏格兰手枪于 18 世纪初开始装备英军，一直装备到 19 世纪中叶，历时 150 年。

美国独立战争时的大陆军总司令，后来的第一任美国总统乔治 · 华盛顿曾经在遗嘱中让人将他在独立战争中缴获自英军

▲ 刺杀林肯

的一对耳垂形握把全钢苏格兰手枪送给在战争中率领法国志愿军与其并肩作战的拉斐特侯爵，以表他和美国人民对拉斐特的敬意。这两支手枪至今还保存在法国的拉斐特侯爵故居。

第三则故事：刺杀了林肯总统的德林杰手枪

1865 年 4 月 14 日，星期五。晚上，结束了一天紧张会议的美国第 16 任总统林肯想去戏院看场戏。就在几天前，历时 4 年的美国南北战争刚刚结束。随着南北双方最终达成协议，作为总统，这些天林肯一直在忙碌。战争结束了，但是横亘在人们心中的裂痕并没有消除。如何医治战争创伤，重建“合众为一”的国家的问题迫切地摆在他的面前。不久前，他赢得了总统竞选的胜利，成功连任下一届美国总统。在就职典礼上，林肯发表了他的就职演说，有一句话让美国人民深深铭记：“不对任何人怨恨”。这段时间确实太紧张了，他想稍微放松一下，去戏院看场戏是个不错的主意。但是白宫秘书劝林肯别去看戏了，还是早点休息为好。真正的原因他没有明说，其实是因为有传闻说有人图谋暗杀总统。林肯回答说，福特剧院今晚上演喜剧“我们的美国老表”，他一直想看，可不愿再错过。最终，尽管很不情愿，白宫秘书还是服从了总统的要求。

▲ 第 16 任美国总统亚伯拉罕 · 林肯

就在林肯夫妇在剧院包厢入神看戏的时候，意外发生了。晚上 10 点 13 分，林肯的背后响起了枪声，他突然倒在椅背上，鲜血从头后面直流。总统夫人惊叫一声，就晕了过去。凶手提着冒烟的手枪，跑到舞台上用拉丁语狂呼“这就是暴君的下场”，而后跳下舞台，向剧院后门跑去，跳上后门外面一匹早已备好的马，飞逃而去。剧院观众先是震惊得目瞪口呆，等到反应过来的时候，凶手早已不知所终。中枪后的林肯总统由于伤势过重，一直昏迷不醒，于次日清晨离世。

凶手是个什么人呢？凶手叫约翰 · 布斯，是个演员，出生在美国南部的马里兰州。

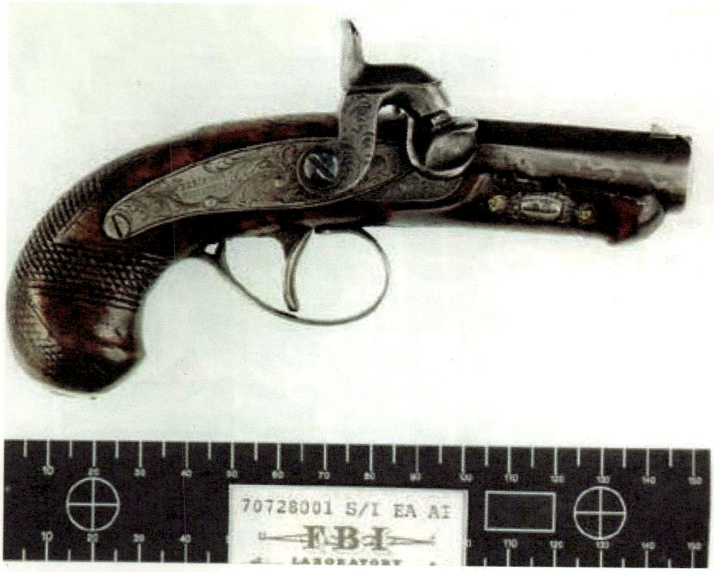

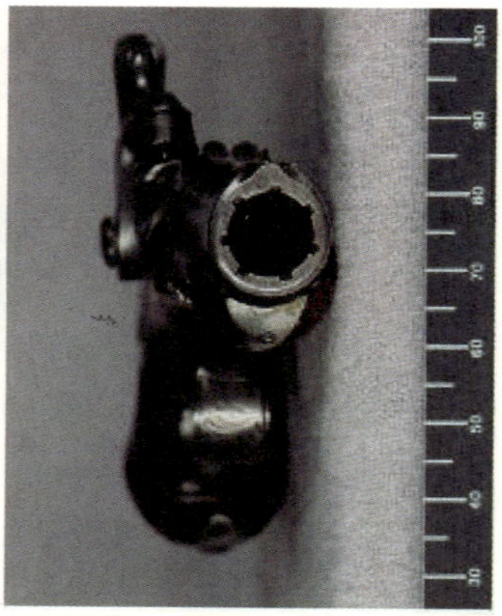

▲ *刺杀林肯总统的德林杰击发手枪*

没人知道布斯为什么那么仇恨林肯，只知道他是个“南方意识”很强的人，南北战争中南军的战败让他无法接受，最终选择了刺杀林肯。

凶手跑哪儿去了呢？没人知道。关于其最终下落也是众说纷纭。有说他在通过北军岗哨时被击毙，也有的说他被刺杀行动的幕后策划者除掉灭口，还有人说他最后选择了自杀。但是由于没有见到尸首，这成了一桩历史悬案。

凶手使用的是什么武器呢？是一种叫德林杰的手枪，是费城一个德裔枪械工亨利·德林杰所造。这是一种击发式手枪，外形美观，制作精良，型号也很多。其中枪管长度最短的为1英寸，最长的有4英寸，口径最小的为0.33英寸，口径最大的有0.54英寸，可谓种类繁多。德林杰手枪结构简单，携带方便，拔枪容易，因此特别适合近距离紧急情况下使用，是一款非常出色的武器，也一直很受市场的欢迎。但是自从凶手用德林杰手枪刺杀了美国人民敬爱的林肯总统后，美国人便将其斥为“臭名昭著”。1843年，德林杰还为美国海军设计了一种.54口径击发式单发手枪，刺杀事件后，美国海军拒绝再使用这种武器。陆军也采取了同样的态度，民间的使用者也大大减少。面对这样的情况，德林杰想出了一个办法。德林杰的英文拼写是“Deringer”，德林杰在中间多加了一个“r”，又将首字

▲ 德林杰手枪

▲ 德林杰手枪

▲ 位于美国华盛顿特区的林肯纪念堂

母改为小写，这样就变成了“derringer”，并在枪械种类上大做文章，开发的德林杰手枪有单管的，有双管的，口径有 9 毫米的，也有 0.22 英寸的，枪弹有用长步枪弹的，也有用马格努姆弹的，而且军用、民用兼顾。这样一来，很多顾客又回来了，德林杰的造枪生意日益兴隆，危机也就这么过去了。

手枪的发展

从上面的这三个故事，我们可以看到手枪发展的脉络。从最早的火门点火的手炮开始，手枪经历了火绳手枪、转轮打火手枪、燧发手枪和击发手枪的时代，到了19世纪中叶，手枪的形制已经开始接近现代手枪。这里需要指出的是，在整个火器发展史上，手枪和长枪一直是并行发展的。一种新的发明出现以后，一旦应用于长枪，必然会马上应用于手枪。德莱赛发明针刺式发火装置以后，手枪也开始使用，于是出现了击针手枪。击针手枪的出现同样离不开定装枪弹的发明。

到故事截至为止，手枪都是单发装填的。为了提高手枪的射速，人们先是发明了多管手枪，如19世纪40年代英国人制造的8.5毫米双动“胡椒盒子”手枪，19世纪末德国制造的6.35毫米四管手枪，但都没有得到广泛应用。后来又发明了弹仓手枪。1854年获得专利的沃尔卡尼科弹仓手枪是第一支弹仓手枪，枪管下方有个管型弹仓，能借助扳动兼做扳机护圈的杠杆进行装弹。至此，现代手枪所具备的诸多要素，如螺旋形膛线、金属弹壳定装弹药、后装弹仓等都被采用，手枪开始具备

▲ “胡椒盒子”手枪

现代手枪的雏形。无烟火药发明以后，人们认识到可以借助火药燃气能量进行装弹。1892 年奥地利人劳曼设计成功了第一支弹匣供弹的肖伯格手枪，1893 年德国人开始生产博查特手枪，1896 年毛瑟手枪出现，均是利用燃气能量进行自动装填弹药，这就是半自动手枪。半自动手枪的出现标志着人类进入了现代手枪的时代。

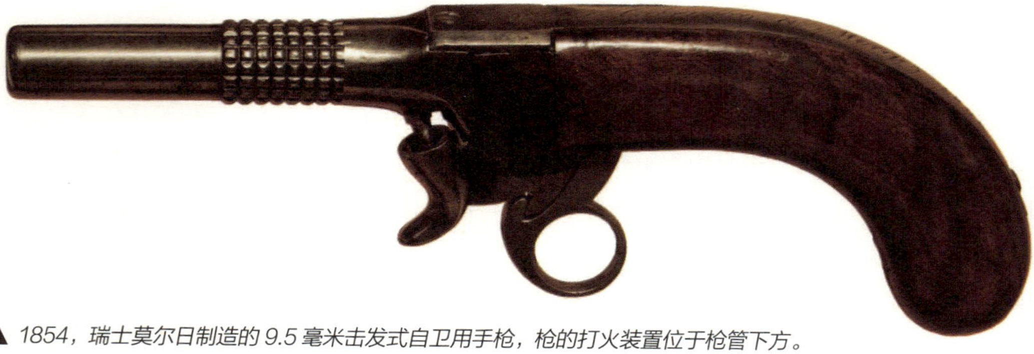

▲ *1854，瑞士莫尔日制造的 9.5 毫米击发式自卫用手枪，枪的打火装置位于枪管下方。*

▲ *“胡椒盒子”手枪*

▲ 采用象牙手柄的双管德林杰手枪

1825 年，亨利·德林杰发明了前装单管击发手枪。德林杰手枪的外形小巧、做工精致，但由于口径较大，在近距离内的威力不但不弱，相比很多大尺寸的手枪还略强。当时的人很喜欢这种便于携带的大威力袖珍手枪。

1865 年，雷明顿公司获得了生产德林杰手枪的专利，研制出了著名的 10.4 毫米口径雷明顿双管德林杰手枪。这种枪采用双管整体式上下配置的后装枪管结构和边缘发火枪弹，这在当时是一大进步。从 1866 年开始销售第一支至今，雷明顿公司销售的德林杰手枪已经超过 15 万支。

1870 年，柯尔特公司也推出了一款德林杰手枪，采用枪管左右摆动的方式退壳和装填，并可自动退壳。该枪质量只有 184 克，有枪身镀银、枪管发蓝的，也有枪身、枪管都镀银的，握把则由胡桃木、青龙木和象牙制成。这种手枪一直生产到 1912 年。

现在，美国仍有不少公司在生产德林杰或其它名称的袖珍手枪。最出名的当数美国德林杰手枪。1986 年，美国德林杰公司创办人的妻子注意到女士有佩戴武器的需求，于是建议生产女士德林杰手枪。女士德林杰手枪一经面世，立刻受到追逐时尚的女士们的欢迎。在当时的欧美影片中，经常会出现一个优雅的女士从小坤包中掏出一把小巧玲珑的女士德林杰手枪的镜头。

第二十一章 | 从多管枪到转轮手枪

最初，人们为了提高火枪的射速，发明了多管枪。从火门枪的时代开始，一直到击发枪的时代，多管枪的设计在手枪、步枪上均有应用，但是由于其固有的弱点，这种多管手枪和步枪并没能够广泛使用，倒是在更晚出现的多管加特林机枪等武器上得到了成功运用。后来，又出现了一个新的思路，即将多管枪的多管设计变为单管多膛的设计，这就是转轮枪。历史曾经出现过转轮手枪，也有转轮步枪，在这里我们只讲转轮手枪。

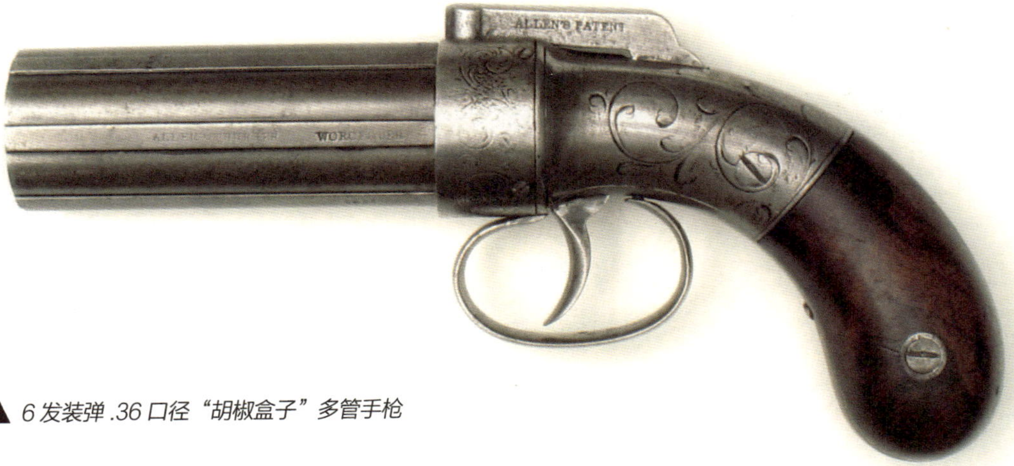

▲ *6 发装弹 .36 口径“胡椒盒子”多管手枪*

▲ 多管击发步枪

▲ 多管枪的弹膛

▲ 多管手枪

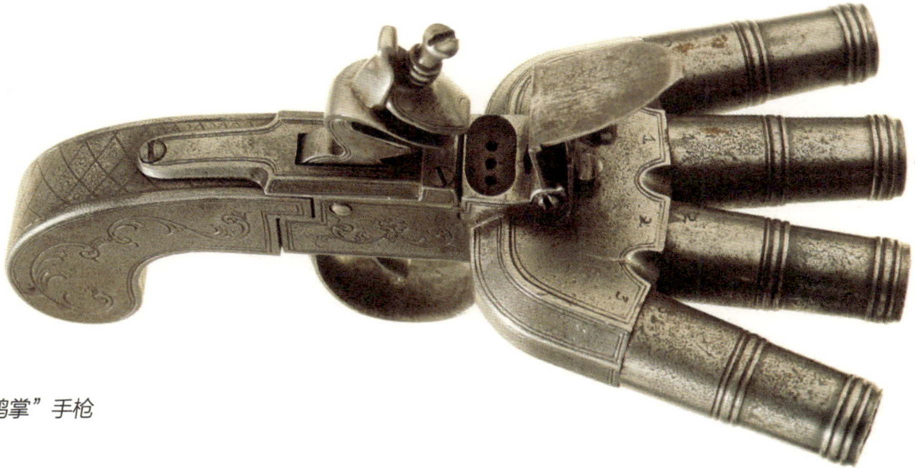

▲ “鸭掌”手枪

早在 16 世纪，欧洲就出现了一种火绳转轮手枪，后来又出现了燧发式转轮手枪。这些早期的转轮手枪在击发完成后，需要用手拨动转鼓，以使储存下一发子弹的枪膛对准枪管。这导致转轮手枪射速偏低，而且使用相当不便，但是它也具有结构简单、动作可靠、使用安全等优点。英国白厅的博物馆就珍藏有一支 1650 年制造的左轮打火手枪，口径为 12.7 毫米，枪管和转轮均为铜制。

1818 年，美国人科利尔、马利埃特与什尔克等人发明成功一种燧发转轮手枪，首次将击发机的动作与鼓轮的转动结合在一起。但由于当时的工艺水平较差，造成这种手枪价格昂贵，加上没有应用火帽，因此没能获得广泛应用。

第一种真正成功并得到广泛应用的转轮手枪是由美国人柯尔特发明并于 1835 年申请专利的柯尔特左轮手枪。柯尔特左轮使用底火撞击式枪机，发射纸弹壳锥形弹头，口径为 10.16 毫米，已经基本接近现代左轮手枪。因此，柯尔特被人们称为“左轮手枪之父”。

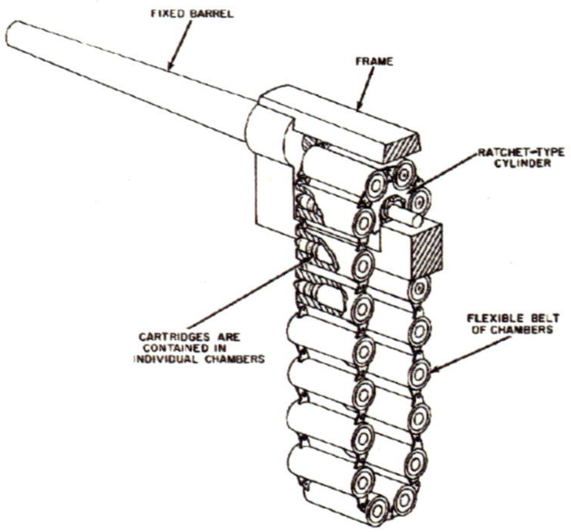

▲ *一支 19 世纪手枪采用的自行车链条供弹机制*

柯尔特于 1814 年出生于美国康狄格涅州的一个纺织厂厂主家庭，很小的时候他就表现出了对枪械的浓厚兴趣。16 岁时，因为在寄宿学校引起的一次火灾，柯尔特退学了。父亲希望他成为一名海员，到海外去看一看。于是在 1830 年，柯尔特登上了一艘名叫“科沃”号的双桅船，开始了经好望角到英国和印度的旅行。在印度附近的一次航行时，柯尔特受到舵手操作舵轮的启发，由此获得了灵感。他模仿舵轮

▲ 柯尔特 1855 型 .56 口径转轮步枪

▲ 转轮步枪局部

的结构绘制出一种全新的手枪图纸，并用木头雕出击发式转轮手枪的模型。回到美国后，柯尔特一头扑进转轮手枪的研制工作中，并于 1835 年为他的转轮手枪申请了专利，接着又开了自己的枪械制造工厂。柯尔特发明的这种转轮手枪是当时世界上威力最大、射击速度最快的手枪，采用底火撞击式枪机、线膛枪管，枪管和枪膛分离，转轮既是弹膛又是弹仓，其上有 5 ~ 7 个弹巢，最常见的是 6 个，因此人们又把这种转轮手枪叫“六响子”。尽管柯尔特转轮手枪性能出色，但由于订单太少，最终这个工厂于 1842 年倒闭。

转机出现在 1845 年。当时，装备了柯尔特转轮手枪的的德克萨斯游骑兵在与装备单发步枪的印第安人之间发生了激烈

▲ 塞缪尔 · 柯尔特

▲ 19 世纪中期，过渡时期的转轮手枪

的战斗。双方人数悬殊，德克萨斯游骑兵只有 15 人，其对手却有 70 多人，最终的战斗却以游骑兵的大胜而告终。同年，在与墨西哥的战争中，德克萨斯游骑兵又凭借柯尔特转轮手枪，一举击败了数倍于己的墨西哥军队。从此，柯尔特转轮手枪开始名声大躁，当时西部边疆的骑警和拓荒者都以拥有一支柯尔特左轮为荣。

1855 年，柯尔特在他的家乡建立了当时世界上最大的兵工厂，到 1856 年时工厂的日产量已经达到 150 把。南北战争爆发的时候，柯尔特的工厂已经拥有近 1000 名雇员。战争初期，他还为南方生产武器，随着战争的发展，柯尔特兵工厂转为全力为北方供货。整个南北战争中柯尔特共为交战双方生产了约 30 万支手枪和 10 万支步枪，而从 1847 年到 1873 年的这 27 年间，柯尔特公司共生产了十几种型号共 85 万余支左轮手枪。

在反映那个时代的美国西部影片中，我们经常看到拓荒者们（西部牛仔）在马鞍旁斜插着一把长枪，腰间别着的就是著名的柯尔特左轮。这一长一短的武器搭配就成了拓荒时代美国牛仔们的标准配置，

▲ *柯尔特 1851 型海军用转轮手枪*

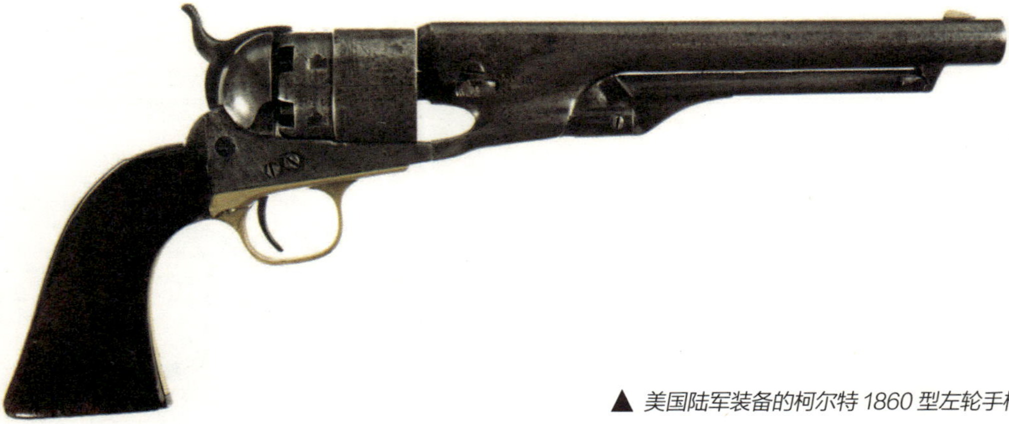

▲ 美国陆军装备的柯尔特 1860 型左轮手枪

▲ 柯尔特 1860 型海军用转轮手枪

▲ *柯尔特 1855 型 .56 口径转轮卡宾枪。由于转轮结构导致的弹巢和枪管之间密闭不严，在射击时火药燃烧产生的高温气体容易外泄并灼伤射手的前臂，因此这种设计的步枪没能得到推广。*

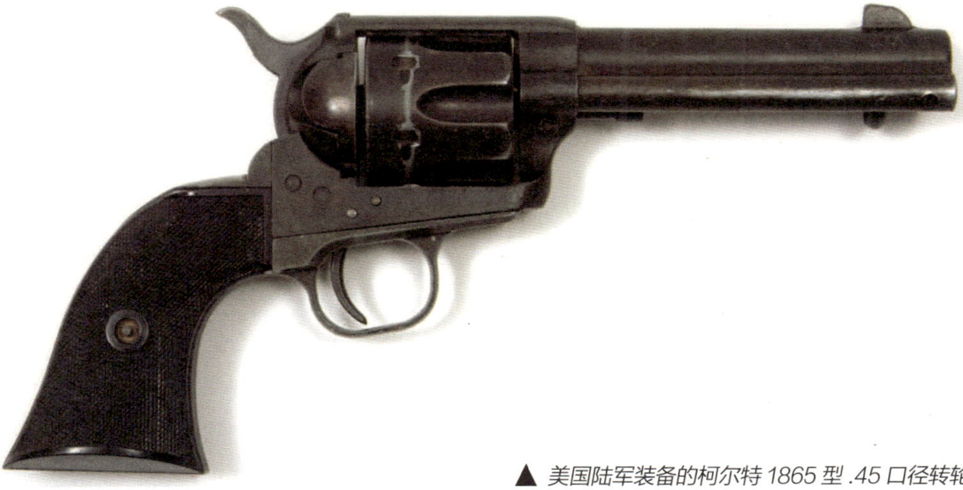

▲ *美国陆军装备的柯尔特 1865 型 .45 口径转轮手枪*

一起见证了热血黄沙的美国西部拓荒史。柯尔特的影响之大，从当时流行的关于柯尔特的评价中可以想见："上帝创造了所有人，但柯尔特使他们平等"。

柯尔特转轮手枪出现后，由于其结构简单、操作灵活，尤其是对瞎火弹的处理既可靠又简捷，一时风靡全球。许多国家都在研制和生产这种手枪，许多军官都以拥有一支左轮手枪而自豪。最初，柯尔特手枪使用的是锥形弹头的纸弹壳。随着金属弹壳定装枪弹的出现，1853 年，左轮手枪也采用了这种枪弹，左轮手枪的作战效能大幅提高，也因此更受人们欢迎。相比刚刚出现的弹仓手枪，人们更愿意使用久经考验的左轮手枪。在当时欧洲国家和美国的军队中，使用定装金属枪弹的线膛左

▲ 美国陆军使用的雷明顿 1858 型转轮手枪

轮手枪普遍取代了从枪口装弹的滑膛手枪。即使在半自动手枪发展相当成熟的第二次世界大战期间，军用转轮手枪依然被交战各国军队广泛使用。著名的巴顿将军就拥有一支镶嵌钻石的象牙柄柯尔特转轮手枪。直到后来自动手枪出现，转轮手枪才逐渐从军队的武器中退出，但是很多国家仍然将左轮手枪作为警察和执法部门的制式武器。作为近代左轮手枪的发源地，左轮手枪尤其受到美国人的钟爱，民用左轮手枪的市场依然十分繁荣。

这里再说说左轮手枪得名的由来。转轮手枪由手工装填弹药，子弹打空之后就得退壳并重新装填。有 3 种方法将转轮推出框架，最常用的是转轮摆出式，就是将转轮甩向左侧或右侧，甩向左侧的叫左轮手枪，甩向右侧的叫右轮手枪。但由于右轮手枪基本上没有出现过，所以，左转手枪就成了转轮手枪的代名词，名声要远远响过后者。

▲ *1888 年时的美国西部牛仔*

▲ *西部牛仔在草原上追逐牛群*

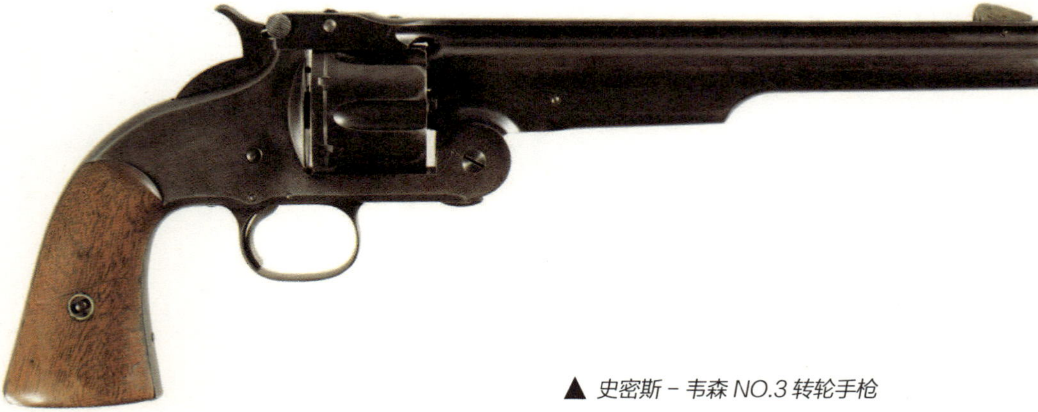

▲ 史密斯－韦森 NO.3 转轮手枪

自动手枪出现后，左轮手枪的一些弱点很快暴露出来。左轮手枪容弹量少，枪管与转轮之间有间隙，会漏气和冒烟，初速低，重新装填时间长，威力较小。所以，作为军队的正式装备，二战后，左轮手枪逐渐被自动手枪所代替。但是，由于该枪有一个最大的优点——非常可靠，所以在一些国家的陆军装备中，仍给它保留了一定的地位。

美国和西方一些国家的警察对左轮手枪尤其情有独钟。美国警察中有90%的人爱用左轮手枪，他们认为，手枪是面对面使用的近距离武器，一定要可靠。在战斗中，左轮手枪一旦瞎火，只需再扣一次扳机，那发"哑弹"便会转到一边，另一颗子弹又会上膛对准枪管，射手可以立即再补上一枪。这种原理尽管非常简单，但却具有万无一失的可靠性。而自动手枪遇到这种情况，要先退弹，这就给了对手可乘之机。要知道，紧急时刻，即使零点几秒的差距也足以决定生死。

正是由于左轮手枪的这种高可靠性，它也成了刺客的最爱。1881 年第 20 任美国总统加菲尔德遇刺和 1901 年第 25 任美国总统麦金莱遇刺，凶手使用的均是左轮手枪。为什么会出现这种情况呢？我们可以设想一下，总统身边通常是警卫环列，刺客的机会十分有限。一旦失手，会马上被蜂拥而上的警卫们制住。为了确保万无一失，左轮手枪也就成了最佳选择。

第二十二章｜现代步枪的先声——军用弹仓步枪

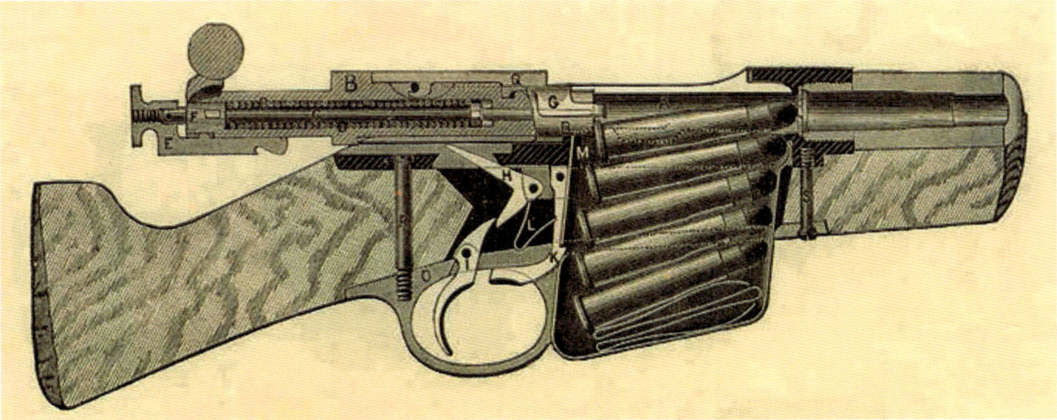

▲ *曼利夏弹仓步枪示意图*

弹仓是最早出现的枪械供弹装置，它是固定在枪械上的，不能从枪上取下来，装填时射手直接将弹药装进枪上的弹仓然后射击，子弹打完后必须重新装填，不能直接用备用的供弹具替换。弹仓可以分为管状弹仓、盒状弹仓和蜗状弹仓等多种形式，其中出现得最早的是管状弹仓。

美国南北战争时期，北军装备的世界上第一支弹仓式步枪——斯宾塞连珠枪使用的就是管状弹仓。它的弹仓在枪托里，枪弹头尾相接排列在内，通过扳动枪机杠杆逐发进入枪膛。一支斯宾塞连珠枪可以装 7 发枪弹，故战斗射速要大大超过原来的单发装填步枪。

管状弹仓最大的好处就是横向尺寸较小，可以布置在枪托内或者平行布置在枪管下面，比较紧凑，对枪械的改动比较少，所以一些从老式单发装填步枪改造而来的弹仓式步枪也会使用管状弹仓，例如德国毛瑟 M1871/84 步枪，就是将单发装填的 M1871 步枪在枪管下方平行

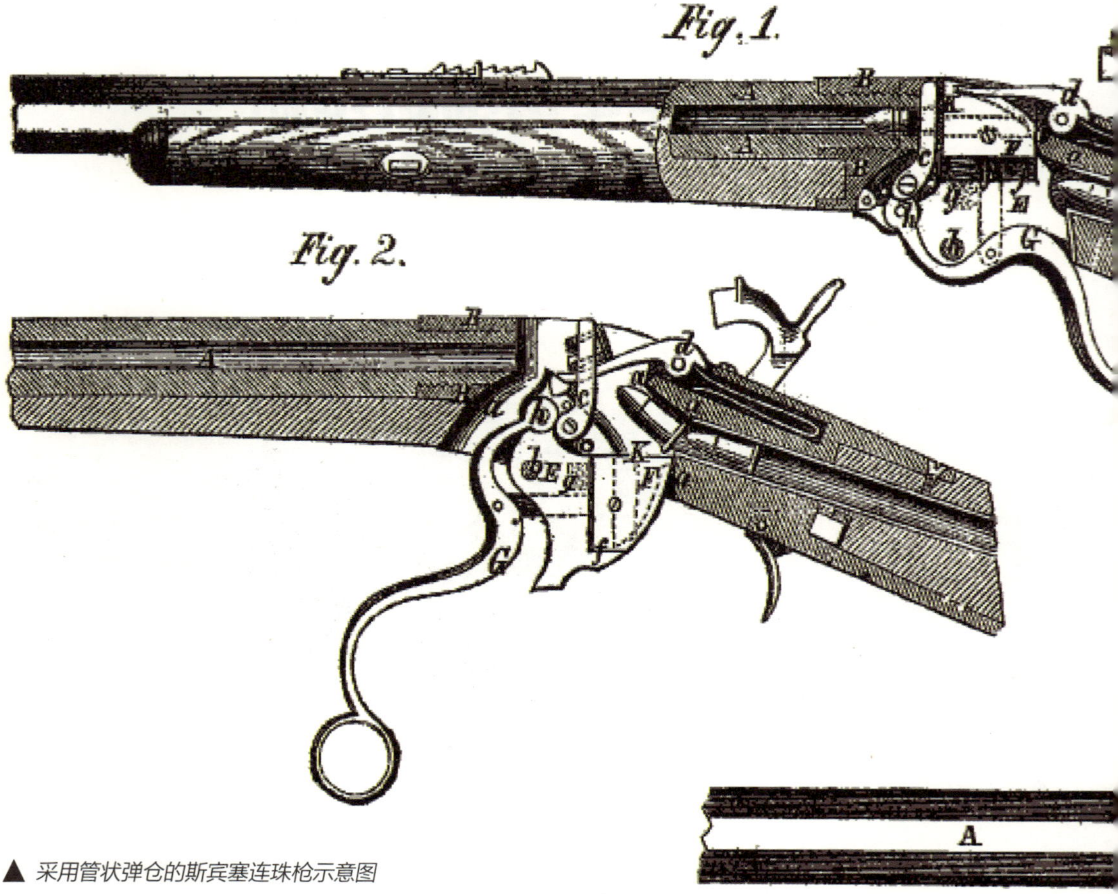

▲ 采用管状弹仓的斯宾塞连珠枪示意图

安装了一个管状弹仓，可以容纳 8 发 11 毫米毛瑟步枪弹。但是管状弹仓的缺点也非常明显：一个是射击时因为枪弹数量逐发减少，全枪质心会不断变化，对射击精度不利；另一方面，管状弹仓细长脆弱，很容易在磕碰中变形损坏，造成供弹故障，供弹的可靠性不佳；再有就是新式的步枪弹几乎都是中心发火的尖头步枪弹，管状弹仓中一发弹的弹尖顶着另一发弹的弹底，很容易顶燃底火造成事故。所以现在不论是军用还是民用线膛步枪，都已不用管状弹仓。

这里介绍两种经典的弹仓步枪：德国的毛瑟步枪和俄国的莫辛－纳干步枪。

Fig.4.

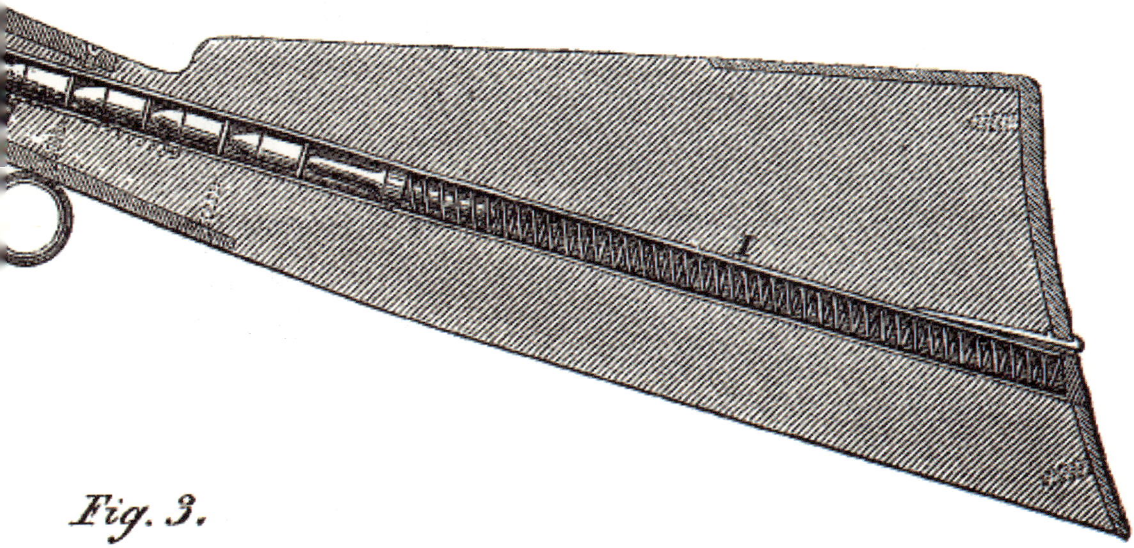

Fig. 3.

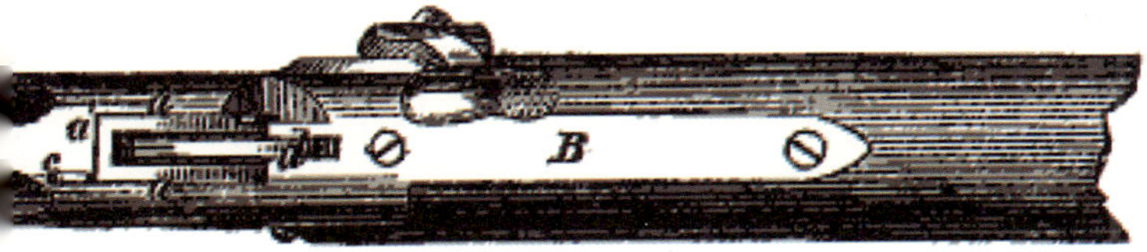

毛瑟步枪

毛瑟步枪的发明者是彼得·毛瑟。彼得·毛瑟于1838年出生于德国的一个枪械工家庭，他的父亲安德烈斯·毛瑟也是一个枪械能手。彼得·毛瑟是家中最小的儿子，排行第十三。毛瑟于1852年小学毕业后，进入奥本多夫兵工厂当学徒，时年14岁。当学徒期间，毛瑟表现出了对机械的极高悟性，什么东西一学就会，一看就懂，因此被人们称为“机械天才”。1859年，21岁的毛瑟应征入伍，加入普鲁士陆军。这使得他有机会对当时刚刚装备普鲁士士兵的德莱赛击针发火步枪进行详细考察和实际体验。1865年，27岁的毛瑟设计了一种发射金属弹壳枪弹的旋转后拉式枪机步枪。经过不断的改进，1871年，毛瑟设计定型了一种新式步枪，这种步枪发射金属弹壳枪弹、采用机柄旋转后拉式枪机，很多细节方面也都独具匠心。新枪的设计非常成功，并为新成立的德意志帝国陆军采用。1873年，35岁的毛瑟开办了自己的枪械工厂。普鲁士威登堡州和毛瑟签订了一份订货合同，要求毛瑟向该州提供10万支毛瑟步枪，并将毛瑟曾经当过学徒的奥本多夫兵工厂作价卖给了毛瑟。

▲ 毛瑟的标志

由于毛瑟步枪卓越的性能，世界各地的订货单像潮水一样涌向德国，毛瑟步枪和毛瑟公司也从此成为家喻户晓的品牌。毛瑟公司先后设计、生产了多款步枪，最早的一款是1871年定型的M1871毛瑟步枪，使用黑火药发射的11毫米口径圆弹头枪弹。很多人不知道，M1871毛瑟步枪的

▲ 毛瑟 M1871 步枪

▲ 毛瑟 1871 型卡宾枪

▲ 毛瑟 1871/84 步枪

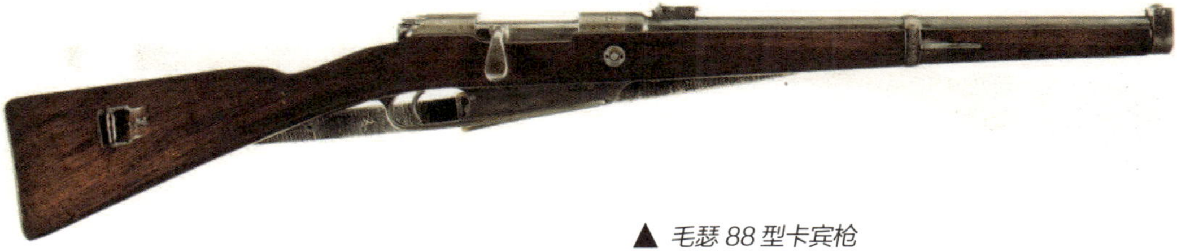

▲ 毛瑟 88 型卡宾枪

▲ 毛瑟 98K 卡宾枪

最大客户是中国，1900 年义和团起义时，清朝军队的主要装备就是M1871 毛瑟步枪。M1871 后来又作了改进，采用 9 发装管式弹仓，仍用黑火药发射，弹头从圆弹头改为平弹头，口径不变，这就是 M1871/84 步枪。M1871/84 步枪的服役年限很长，一直到第二次世界大战时，德国的国民警卫队依然在装备。

无烟火药发明以后，毛瑟步枪的口径开始小型化。1888 年定型的 7.92 毫米口径 M88 毛瑟步枪，采用曼利夏弹仓，发射 7.92×57 毫米 M88 步枪弹。M88 毛瑟步枪的定型标志着步枪的发展进入近代阶段，是步枪发展史上的一个里程碑式的事件。但毛瑟步枪真正的巅峰之作是 1898 年定型的 7.92 毫米口径 M98 毛瑟步枪。M98 使用 5 发装弹仓，空枪重 4 千克，全枪长 1250 毫米，弹头初速 870 米 / 秒，采用大麦粒准星——弧形表尺（V 形缺口照门），表尺射程 2000 米。M98 毛瑟步枪曾向许多

▲ 毛瑟 98 步枪

▲ 毛瑟 98 步枪

▲ 使用 7.92×57 毫米弹药的毛瑟 1941 自动步枪

▲ 毛瑟 88 步枪采用的 5 发快速装弹弹夹

国家销售。在英布战争（1899–1902 年）中，原本就以善射著称的布尔人使用 M98 毛瑟步枪使英军遭受了惨重伤亡。第一次世界大战中，M98 作为德国步兵的主要装备，发挥了出色的战斗效能。

毛瑟不仅是个天才的枪械专家，他还十分勤奋，一生发明很多。1898 年，M98 毛瑟步枪定型时，他已经 60 岁了。同年，他还对马克沁的枪管短后坐原理进行了大量实验，制造了一种枪管短后坐半自动步枪。1902 年，毛瑟 64 岁时，又制造出一种枪管长后坐半自动步枪，同年还造出一种导气式半自动步枪。毛瑟对近代枪械的发展作出了巨大贡献，正因为如此，毛瑟也被认为是现代步枪的奠基人。

▲ 使用 5 发快速装弹弹夹的毛瑟 98K 步枪和 8×57 毫米弹药

▲ 1910 年时的毛瑟兵工厂

莫辛 - 纳干步枪

接下来，我们来讲一下莫辛 – 纳干步枪及其发明者。

俄土战争（1877–1878 年）前夕，俄国陆军装备的步枪型号、种类繁多，既有 10.7 毫米口径的伯丹一号和二号步枪，也有 15.24 毫米口径的卡尔步枪，还有 10 毫米的克恩卡步枪，这些步枪均是单发装填步枪。俄土战争中的普列佛纳一役，俄军惨败，死伤 3 万余人。战后，俄军总结失败的教训，将原因归于土军装备的 11 毫米口径 M1873 温彻斯特连珠枪，于是俄军也开始寻求一种减小口径的弹仓步枪。

1883 年，俄军总军械部成立了一个由恰金中将领导的弹仓步枪研究试验特别委员会，负责新式步枪的选型工作。刚开始的几年，委员会的工作进展缓慢。1887 年，俄国陆军部陆续收到了由俄国驻西欧各国武官发来的有关弹仓步枪开发情况的报告，有关法国人研发的莱伯尔步枪的情报尤其引起了俄国人的兴趣。当时无烟火药已经

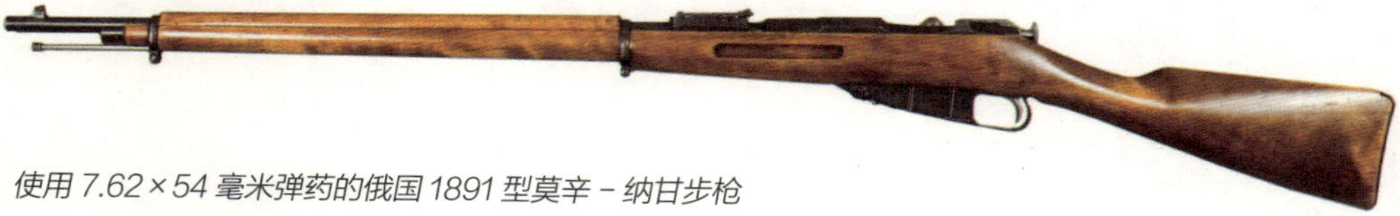

▲ 使用 7.62×54 毫米弹药的俄国 1891 型莫辛－纳甘步枪

▲ 莫辛－纳甘步枪 1891 型骑步枪

▲ 莫辛－纳甘步枪 1938 型骑步枪

▲ 发射枪榴弹的莫辛－纳甘步枪

发明并作为步枪的发射药得到应用。相比过去使用的黑火药，无烟火药能够使弹头获得较高的膛口初速，并大大减少射击后的火药残渣。将无烟火药和弹仓供弹结合在一起，步枪的性能得到了大幅提升，不仅射速和杀伤威力大大增加，射击精度也得到显著提高。当时，莱伯尔步枪的性能参数是：口径 8 毫米，枪重 4.22 千克，由 8 发装管式弹仓供弹，弹头初速达到 716 米 / 秒，表尺射程 2000 米。相比于俄国之前装备的单发装填步枪，这些指标让俄国人十分满意。于是，在 1888 年 7 月，恰金委员会拟定出了新的弹仓步枪开发计划，并在圣彼得堡的步兵军官训练学校对各种候选枪型进行技术检验，并马上准备开始实施第一轮试验。当时参加选型试验的共有 7 种型号的步枪，毛瑟步枪也位列其中，但最终受到俄国人认可的是由俄军上尉莫辛制造的莫辛步枪。

早在 1882 年，莫辛就开始了弹仓步枪的设计工作，他的做法是在 M1870 伯丹步枪上加上弹仓。莫辛的设计得到了恰金委员会的认可。1885 年，恰金委员会订购了 1000 支莫辛－伯丹步枪，用于做进一步的野战试验。1889 年，恰金委员会建议采用莫辛的方案。这引起了一些人的质疑，认为有“内定”的嫌疑，因此，新枪的选型和试验工作又继续进行。

莫辛一直在埋头进行弹仓步枪的试验。早期的莫辛弹仓步枪是由伯丹步枪改装而来的，因此，刚开始的几年，他一直在沿用伯丹步枪10.7毫米的口径。后来，莫辛开发出了一种全新的3线（7.62毫米）步枪，使用5发装弹仓、后拉旋转式枪机。莫辛将这种新步枪命名为M1890步枪，继续参加新式弹仓步枪的选型。几乎与此同时，有个比利时公司的技术人员纳干也拿出了他设计的一支3.5线（8.89毫米）步枪。弹仓步枪的选型试验现在在M1870伯丹步枪、M1890莫辛步枪和纳干步枪之间进行。经过野战部队的实地使用，最终莫辛步枪和纳干弹仓被评为最佳设计。1891年3月，恰金委员会召开会议，会上对各种参试步枪的优缺点进行了详细讨论。对于纳干步枪，与会者认为，其弹仓设计很巧妙，但是供弹速度稍慢，就整枪来说，结构复杂，生产成本偏高。在此期间，莫辛继续致力于莫辛步枪的改进。最终，经过多次改进，莫辛步枪的实际射速提高到每分钟8–10发，超过纳干步枪。由于改进了隔弹板的形状，在连续500发的射击试验中，尽管弹仓一次次地装填，但均未发生卡壳故障。1891年4月，经过40万发的靶场试验，莫辛步枪最终获得了军械局的认可。军械局在最后的选型试验总结中，下了这样的结论：“建议采用莫辛设计的3线弹仓步枪作为军用小口径步枪，同时采用纳干设计的快速装弹弹夹。”这样，将这两个最佳设计结合起来，就形成了后来闻名世界的M1891莫辛－纳干步枪，其正式名称是“1891年3线步枪”。其主要性能参数如下：空枪重4.37千克，枪全长（不含刺刀）1305毫米，枪管长803毫米，弹仓容量5发，发射7.62×54毫米有底缘大威力枪弹，初速811米/秒，射速8–10发/分，最大表尺射程2240米。

莫辛－纳干步枪设计简单、价格低廉，易于大规模生产。这一特点在战时尤具特殊意义和重大价值。作为俄国第一支国内自主设计的制式步枪，后来苏联的武器设计也成功延续了这一思想，并在AK系列枪械上得到淋漓尽致的体现。

现在让我们来介绍一下纳干。纳干是比利时的轻武器设计师，他所在的比利时列日公司经常参与俄国的武器采购。作为

▶ 莫辛－纳甘步枪系列，从上到下依次为：
1、莫辛－纳甘1891型步枪
2、莫辛－纳甘1891型骑步枪
3、莫辛－纳甘1907型骑步枪
4、莫辛－纳甘1891/30型步枪
5、带3.5倍瞄准镜的莫辛－纳甘1891/30型步枪
6、莫辛－纳甘1938型骑步枪
7、莫辛－纳甘1944型骑步枪
8、莫辛－纳甘1959型骑步枪

▲ 莫辛－纳甘 1930 型狙击步枪

公司的技术人员，纳干经常来往于比利时和俄国首都圣彼得堡之间。他和莫辛熟识，并经常来往。莫辛担任俄国图拉兵工厂工具车间副主任时，纳干所在的公司还曾为俄国生产了一种 M1895 左轮手枪。纳干对 M1891 步枪的贡献主要是其巧妙设计的弹仓，这种弹仓中有一个托弹板，能够防止两发弹同时到达待进膛位置。另外，纳干还设计了一个弹夹，便于往弹仓内压弹，这在当时也是一个新鲜发明，最早应用于比利时制造的 7.65 毫米口径 M89 毛瑟步枪上。

莫辛－纳干步枪列装以后，迅速取代了伯丹步枪，成为俄军士兵的主要武器，并在不久后的日俄战争（1904–1905 年）中发挥出色。尽管俄国最终败于日本，但主要是由于后勤和战略方面的问题，作为一款新武器，莫辛－纳干步枪成功地经受住了战场的考验。莫辛－纳干步枪后来又装备苏联军队，并在朝鲜战争中被中国人民志愿军使用。著名的志愿军第一狙击手张桃芳使用的就是莫辛－纳干步枪。

还有一件事情值得一提。当时的中国

人将莫辛－纳干步枪称作“水连珠”。这个名字是怎么来的呢？原来，乘着满清的衰弱，侵略成性的沙皇俄国派兵进入并妄图侵占我国东北，清军官兵和抗俄义勇军对俄国侵略军进行了顽强抗击。当时，中国使用的还是黑火药发射枪弹的老式步枪，枪声沉闷，硝烟经久不散。相比之下，俄军使用的莫辛－纳干步枪由于使用了无烟火药做发射药，发射后不仅烟雾少，而且枪声清脆，连续射击时如同水珠溅落，故得名“水连珠”。

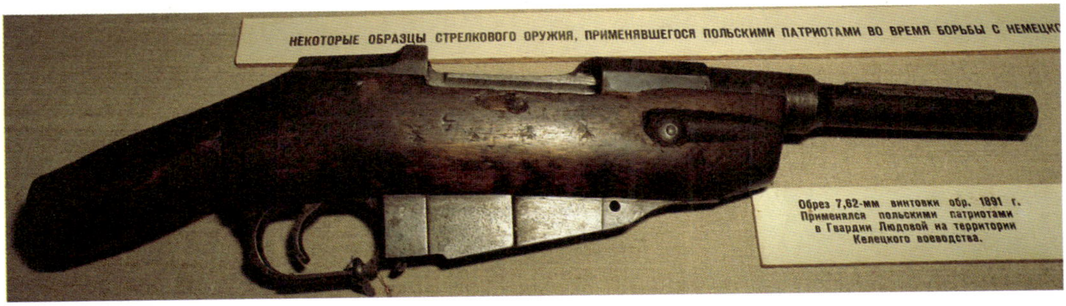

▲ 二战期间波兰爱国者使用的锯短枪管和枪托的莫辛－纳甘 1891 步枪

▲ 第一次世界大战时装备莫辛－纳甘步枪的俄国士兵

▲ 第二次世界大战时使用莫辛－纳甘狙击步枪的苏联女狙击手

西点军校博物馆收藏的近代步枪

下面给出的是美国陆军西点军校博物馆所收藏的一些近代步枪的照片。从这些步枪上，我们可以领略到那个时代步枪的风采。

▲ 从上至下，依次为雷明顿1865型步枪、梅瑞尔1861型步枪和博克1866型步枪。

▲ 从左至右，依次为德莱赛 1855 击针枪卡宾型、法国夏思波 1866 型击针枪、瑞士维特利 M1871 型步枪、美国李 M1882 步枪、奥地利曼利夏 M1886 步枪和丹麦 M1889 步枪。

▲ 早期连发枪，从上至下第二支为斯宾塞连发枪。

▲ 从上至下，依次为M1865 艾林步枪、夏普卡宾枪、M1903MK I 步枪。

内容提要

本书以火枪的发展历史为主线，详尽描述了从火药发明到初级火器出现，再到火绳枪、簧轮枪、燧发枪、击发枪直至转轮手枪和弹仓步枪诞生的这长达1000余年的时间里世界火器的发展，为读者展现了一幅精彩纷呈的武器历史长卷。

作为国内为数不多的关于火器时代武器的精品科普读物之一，本书对于读者了解人类历史上武器的发展、变迁，尤其是进入火器时代以后的进步具有重要的启发和指导价值。

本书可供想了解火枪的军事爱好者阅读。

图书在版编目（CIP）数据

火枪 / 伍豪编著. -- 北京：航空工业出版社，2015.8
（飞鹰军事百科）
ISBN 978-7-5165-0853-4

Ⅰ. ①火… Ⅱ. ①伍… Ⅲ. ①枪械—世界—普及读物
Ⅳ. ①E922.1-49

中国版本图书馆CIP数据核字(2015)第193570号

火枪
Huo Qiang

航空工业出版社出版发行
（北京市朝阳区北苑2号院 100012）
发行部电话：010-84936597 010-84936343

北京世汉凌云印刷有限公司印刷　　全国各地新华书店经售
2015年8月第1版　　2015年8月第1次印刷
开本：787×1092 1/16　　印张：13.25　　字数：200千字
印数：1—4000　　定价：36.00元